做自己的海

Happiness Studies
An Introduction

写给大家的幸福课

[美]泰勒·本—沙哈尔(Tal Ben-Shahar) 著
宋莉莉 译

中信出版集团 | 北京

图书在版编目（CIP）数据

做自己的海：写给大家的幸福课 /（美）泰勒·本-沙哈尔著；宋莉莉译. -- 北京：中信出版社，2024.4
书名原文：Happiness Studies : An Introduction
ISBN 978-7-5217-6349-2

Ⅰ.①做… Ⅱ.①泰… ②宋… Ⅲ.①幸福－通俗读物 Ⅳ.① B82-49

中国国家版本馆 CIP 数据核字 (2024) 第 039483 号

Happiness Studies: An Introduction by Tal Ben-Shahar
Copyright © 2021 by Tal Ben-Shahar
Simplified Chinese translation copyright © 2024 by CITIC Press Corporation
ALL RIGHTS RESERVED
本书仅限中国大陆地区发行销售

做自己的海——写给大家的幸福课
著者：　　[美] 泰勒·本-沙哈尔
译者：　　宋莉莉
出版发行：中信出版集团股份有限公司
　　　　　（北京市朝阳区东三环北路 27 号嘉铭中心　邮编　100020）
承印者：　北京通州皇家印刷厂

开本：880mm×1230mm　1/32　印张：5　　　字数：74 千字
版次：2024 年 4 月第 1 版　　　印次：2024 年 4 月第 1 次印刷
京权图字：01-2023-2428　　　书号：ISBN 978-7-5217-6349-2
定价：48.00 元

版权所有·侵权必究
如有印刷、装订问题，本公司负责调换。
服务热线：400-600-8099
投稿邮箱：author@citicpub.com

在一堂大师级的课上，大师级的老师会把文学、哲学、心理学、经济学和其他学科融合在一起，来阐明幸福是什么以及如何追求它。就像交响乐一样，精准的概念与实证的经验共同奏出一个新鲜的学术乐章。这本书会使你精神振奋，鼓舞你保持健康、丰富心智、提升情绪，与你所爱之人更加紧密。泰勒·本-沙哈尔成功地创建了一个研究和实践幸福的框架。

——艾萨克·普里奥坦斯基
《人际交往如何影响健康、幸福、爱情、工作和社会》
（*How People Matter：Why It Affects Health, Happiness, Love, Work and Society*）
一书的共同作者（与奥拉·普里奥坦斯基合著）

献给玛瓦·柯林斯(1936—2015),
你一直都是我的精神导师

图1　与玛瓦·柯林斯的合影(图片拍摄:C. J. 洛诺夫)

目　录

第一部分
什么是幸福学

第一章	为什么要研究幸福？	003
第二章	幸福就是全然为人	011
第三章	SPIRE 幸福模型	027
第四章	幸福的十二条准则	043
第五章	幸福学矩阵	073

第二部分
如何应用幸福学

第六章　幸福与职场成功　　　　　　　085
第七章　幸福与学校教育　　　　　　　103
第八章　幸福引爆点　　　　　　　　　123
第九章　通向幸福之路　　　　　　　　137

结语　　　　　　　　　　　　　　　　145
后记　　　　　　　　　　　　　　　　147
致谢　　　　　　　　　　　　　　　　151

第一部分

什么是幸福学

第一章
为什么要研究幸福？

一个人不得不花上很多年，去学习如何变得幸福。

——玛丽·安妮·伊万斯

2015年7月，在一趟从伦敦飞往纽约的跨大西洋航班上，飞机发出单调的嗡鸣声，云层缓缓地移动，数千米以下是一片宁静的广阔水域，遥远却又似乎触手可及。这一切让我感到平静安宁，大脑也变得清醒起来。在这种冥想的状态下，一个问题突然浮现在我的脑海中：为什么我们有文学、心理学、物理学、商学、历史学等众多研究领域，却没有研究幸福的领域？

是的，的确有关于积极心理学的研究，这也是我钻研了近二十年的领域，但那只是关于幸福的心理学。那么，能否有一门学科——或者更确切地说，一个跨学科的领域——将心理学家对幸福的观点,与哲学家、经济学家、神学家、艺术家、生物学家以及其他各领域专家对美好生活所持的观点结合起来呢?

幸福应在我们的生活中处于核心地位几乎已成共识,但令人极为困惑的是,目前仍然缺乏对幸福的跨学科研究。我们都希望自己幸福,也希望我们关心的人幸福。早在两千多年前,亚里士多德就认为幸福是"所有事物中最令人向往的某种终极的、自给自足的东西……是人们一切行动的目的"。而在这位希腊智者之前,睿智的所罗门王也表达了类似的观点,声称人生最高的目标是"喜乐和行善"。在11世纪,波斯神学家安萨里在《幸福炼金术》(*The Alchemy of Happiness*)一书中同样宣称,幸福是认识自我和信奉上帝的终极奖赏。

在美国独立战争爆发一年后,托马斯·杰弗逊参与起草了《独立宣言》。他在《独立宣言》中称:追求幸福是人类不可剥夺的权利,是不言而喻的真理。海伦·凯勒对此也进行了回应,她写道:"大多数人会把幸福视为人世间一切活动的正当目标。无论是哲学家、王子还是扫烟囱的人,都被追求幸福的愿望驱使着。一个人无论多么沉闷、卑鄙或聪明，都会觉得幸福是他无可争辩的权利。"

对幸福的关注并不局限于西方思想家。世界上最古老的宗教经文之一，印度宗教圣典《唱赞奥义书》中就写到，幸福并不存在于世间有限的琐碎事物中，而是存在于无限之中。而中国春秋时期（公元前5世纪）的传道者和哲学家孔子的精神智慧集大成之作《论语》的开篇中就提到了"乐"与"悦"。一位禅修者也宣称："无论一个人是否有宗教信仰，无论他的宗教信仰是什么，人生的真正目标都是幸福，人的每一个举动都是为了获得幸福。"

这些思想家和其他思想家有一个共同的观点，即认为幸福位于目标层次的最高点，也是其他目标通向的终点。不管是财富或智慧，还是荣誉或成就，相较于幸福而言都是次要的；无论是物质欲望还是社会欲望，都只是获取"人生终极财富"的手段。而其他任何形式的财富，无论是金钱还是声望，都只有在它们能产生或者交换幸福时才有价值。

不管幸福的确是最高目标，还是它只是我们众多重要的目标之一，致力于理解和探索幸福都是值得的。然而，直到2015年，世界上仍没有一个高等教育机构设立幸福学学位，只有一些积极心理学的学位课程和专门研究幸福哲学的课程以及一些采用非常局限的方法来培养幸福感的课程。与经济学等课程不同，没有一门有关幸福的学术课程会同时关注微观层面的幸福（个人和人际关系）和宏观层面的幸福（组织和国家），也没有一个关于幸福的学术课程采用跨学科的研究方法，比如像严谨的医学院课程那样，将不同领域的研究融合起来，以阐明一个特定的主题。

幸福学领域缺失的原因之一是：很难就幸福学应该研究的内容达成共识。比如说，什么是幸福？定义幸福学结构的核心原则是什么？又是哪些主题和思想构成了其实质？任何包含"幸福"一词的主题，不管它所处的语境或是隐含的意义如何，都应该成为幸福学的一部分吗？或者说，任何与幸福相关的词语，比如"喜悦""蓬勃""乐趣""意义""愉悦"等，都应该纳入幸福学吗？而与美好生活完全或部分、直接或间接相关的主题，哪些才应该被纳入到幸福学中呢？

以上这些，只是我想在本书中解决的部分问题。通过对这些问题的探讨，我试图就人生的终极财富来创立一个易于理解的跨学科研究领域。然而必须指出的是，我在接下来的章节中所提出的构想，也就是幸福学的结构和内容，只是抛砖引玉，而不是定论。我想邀请大家一起，积极参与到一场关于美好生活的重要对话中来。这场对话应该成为这个迷人领域的一部分，也是大家获取更多幸福的一个途径。

***

自从 2015 年的那次跨大西洋飞行以来，我一直在学术界和其他领域坚持不懈地呼吁对幸福的研究。无论是支持还是反对我观点的人，他们都经常问我的一个问题就是：为什么？为什么要花那么多时间和精力，去广泛阅读有关幸福的书籍，去获得一张幸福学的证书，甚至是攻读这个领域的学位呢？

对这个问题的回答，也正是我对为什么要研究其他学科的回答。但研究其他学科时，答案要具体、直接得多，远非那么抽象晦涩。比如说，你问一个 MBA（工商管理硕士）学生为什么要选择攻读商科学位，她可能会说："为了成为更好的商业女性。"如果你进一步询问她为什么想成为一个更好的商业女性，她可能会回答："为了赚更多的钱。"而如果你再追问几个为什么，最终，她会说："为了让我自己（或我关心的人）更幸福。"

你可以用同样的提问方式去询问学习法学、天体物理学、教育学或人类学的学生，最后会得到相同的答案。只需要一个或几个为什么，答案最终将指向为了使自己或他人更幸福，或者是与之相关的一些概念，比如为了感觉良好或找到意义感。幸福作为人生的终极财富，位于目标层次中的最高点，是其他所有目标的终点，也是人们投入时间和精力去追求其他目标的理由。英国哲学家大卫·休谟是现代西方哲学之父之一，用他的话来说，"人类刻苦勤勉的最终目标就是获得幸福，因此才有了艺术创作、科学发明、法律规定以及社会的变革"。

那么，为什么要研究幸福呢？这和研究其他领域或学科一样，是为了让自己变得更幸福，并帮助你关心的人也变得更幸福。对人们来说，如果学习商科、工程或社会学的原因是显而易见的，那么研究幸福的原因则更加清晰明了。这是因为，相较于其他学科，研究幸福与追求人生最高目标之间的联系更加紧密。

既然我们已经更清晰地了解了为什么要研究幸福，那接下来，我们就要准备进入下一个问题——什么是幸福。我将在下一章中给出对幸福的定义，并在第三章和第四章中把这个定义分解为幸福的要素和准则。

正如我将在第五章中讨论的那样，引入这些要素和准则的原因之一，是为幸福学的相关课程、学位或书籍提供一个连贯统一的结构。而另一个同样重要的原因，是让大家更好地去理解、追求和获取幸福。出于这两个原因，我将在整本书中把学术分析和自助建议、抽象概念和具体案例、理论和实践结合起来，为大家阐述什么是人生的终极财富以及如何过上幸福的生活。

第二章
幸福就是全然为人

对我而言，幸福唯一令人满意的定义就是"完整"。

——海伦·凯勒

究竟什么才是幸福呢？这个问题有很多答案，从没有痛苦到体验快乐，从过上有意义的生活到实现个人的潜能，从修身养性到救赎灵魂，从服务他人到实现自我，不胜枚举。人们曾无数次试图定义幸福，下面就是其中的几个例子。

心理学家索尼娅·柳博米尔斯基将幸福定义为"拥有喜悦、满足或积极快乐的体验，并且觉得自己的生活很美好、有意义和有价值"。励志演说家、顾问丹尼斯·韦特利则提供了另一种定义："幸福是一种在爱、优雅和感激中度过每一分钟的精神体验。"而对于前田径明星和心脏病专家乔治·希恩来说，"幸福不同于娱乐，幸福与奋斗、坚持和成就有关"。此外，古罗马哲学家塞涅卡给出了一个非常严肃的定义："人类的幸福建立在智慧和美德之上。"而《花生漫画》的创作者查尔斯·舒尔茨对幸福的定义则十分可爱——"幸福就像是一只温暖的小狗"。

幸福的定义繁多，以至于大多数人认为他们并不需要一个正式的定义，只要像看待美一样来看待幸福即可。也就是说，人们虽然可能无法定义美，但在看到美时，就会知道它的含义；同样，人们可能也无法定义幸福，但在体验到幸福时，就会自然而然地理解它。但我认为，如果不给幸福下一个明确的定义，而是仅仅满足于模糊地体会美好生活，我们理解、追求和获得幸福的能力就会受限。

二十年前，当我刚开始写"人生的终极财富"相关内容时，我将幸福定义为"拥有对意义和快乐的整体体验"。在这个定义中，我试图将幸福所带来的短暂的愉悦情绪融入到更深层次的生活目标和意义感中，同时，这个定义也暗示着幸福的暂时性和持久性是如何相辅相成的。

多年来，基于积极心理学日益增多的研究成果以及我对其他学科——从哲学到人类学，从神学到神经科学——

的探索，我认为幸福已经不能再被简单地理解为"意义和快乐的结合"了。如今，作为一名幸福的学习者和传授者，我发现，对幸福最适用的定义可以借鉴一个多世纪前海伦·凯勒的话："对我而言，幸福唯一令人满意的定义就是'完整'（wholeness）。"基于此，我将幸福定义为"全人幸福"（wholeperson wellbeing）。而通过把"完整的人"（wholeperson）和"幸福"（wellbeing）这两个词放在一起，可以给出一个简洁的定义："幸福就是'全然为人'（wholebeing）。"在接下来的章节中，我将展开阐述这个定义，并介绍构成"全然为人"生活的不同要素。

我引入这个定义，并不是为了挑战或取代其他定义。我将幸福定义为"全然为人"的目的，是让这个概念具有可操作性，这样就可以先使用这个定义去建立一个幸福学研究领域，然后再去帮助人们追寻充实美满的生活。换言之，这个定义旨在成为一个实用且有益的构想，而非获取某种普遍而绝对的真理。

19世纪，北美诗人约翰·戈弗雷·萨克斯在其诗作中引用了古印度寓言《盲人摸象》，很好地体现了专注于整体对追求美好生活的重要性。六名盲人被带到大象的不同部位，要通过用手触摸这些部位来辨认面前的东西。结果，大家得出了截然不同的结论：第一个人认为眼前的大象是一堵墙，第二个人认为自己摸到的是一支矛（实际上是象牙），而其他人则分别认为是蛇、树、扇子或绳子。在这首诗的最后一节中，萨克斯写道：

> 这些可怜的印度人
>
> 争论不休，
>
> 莫衷一是，
>
> 固执己见，
>
> 尽管每个人都部分正确，
>
> 但所有人都错了！

这则寓言所带来的启示是：只了解整体的一部分可能会使我们走上错误的道路。部分真相并非真理。对整体不够了解，人们将无法正确使用认识论和知识论。比方说，对于一只身体不适的大象，兽医在未知全貌的情况下是无法提供帮助的——无论是把大象当作一堵墙、一根绳子，还是其他所谓的"部分真相"，显然都是不合适的。

我们通常需要了解整体（或尽可能接近整体）才能变得健康，这一理念在我们的一些语言中也有所体现，如"health"（健康）一词的拉丁语词源是"hal"，意为"完整"（whole），而"愈合"就是"使之完整"。在希伯来语中也有类似的语言连接，如表示"和平"的"shalom"（שלום）一词与表示"完整"的"shalem"(שלם)来自同一个词根。为了实现和平——不管是个人内心的和平、人际关系的和平还是冲突群体之间的政治和平，我们都需要把握整体。

在科萨语中，"Ubuntu"一词是指我们每个人都与其他人联系在一起，我们都是一个相互关联的整体的一部分。用肯尼亚哲学家和神学家约翰·姆比蒂的话来说："我在因我们同在，我们在故我在。"正是由于 Ubuntu 这个概念所提供的启示和指导，纳尔逊·曼德拉以及德斯蒙德·图图等后种族隔离时期的南非缔造者才得以创建彩虹之国，让支离破碎的南非得以修复和弥合。

此外，全世界许多地区在许多时期的文化也都重视完整，并将其视为一种获得健康、和平及其他积极结果的手段。在古老的新西兰毛利人的传说中，有这样一个故事：很久以前，始祖——朗吉努伊（天空之父）和帕帕塔努库（大地之母）——曾经紧紧相拥在一起，使他们的儿子们所居住的世界处于永恒的黑暗中。后来，最强壮的一个儿子成功地将他们分开了。他们相隔甚远，悲伤不已，渴望再次团聚。朗吉努伊哭泣着，悲伤的眼泪化作雨水，洒落在他心爱的人身上。帕帕塔努库为了接近她的爱人，几乎把自己撕裂。她叹息着，喷出的雾气飘向天空。正是这种想要再次完整合一的永恒愿望，孕育了人类的生命之源。

16世纪，在距离新西兰数千英里[①]的一个以色列城市查法特，艾萨克·卢里亚拉比讲述了卡巴拉的创世神话。卡巴拉认为，物质的创造源自上帝的神圣能量。当这种能量试图用其无限的光芒填满创造之舟时，创造之舟就破裂了，微小的碎片散落到世间。这些碎片含有原始光芒的火花，而人类的任务就是收集这些碎片，并通过行善来释放其中的光芒。

---

① 1英里≈1.609公里。——编者注

一旦这种光芒释放出来,人类的救赎就成为可能,神圣的能量也就会再次聚集起来。

在日本的金缮(Kintsugi)工艺,即"黄金修复"中,工匠们学会用混合了金粉的漆来修复破损的陶器——从某种意义上说,也是为了"治愈"它,使它恢复到完整的状态。虽然修复后的物品并不是原物的完美复刻,但仍然能发挥自己的作用,这是因为原物品的缺陷被接纳并融入其中,而不是被排斥在外。金缮不仅仅是一门工艺,还是一种生活哲学:它鼓励、突出和颂扬着愈合与变得完整的过程。(见图2)

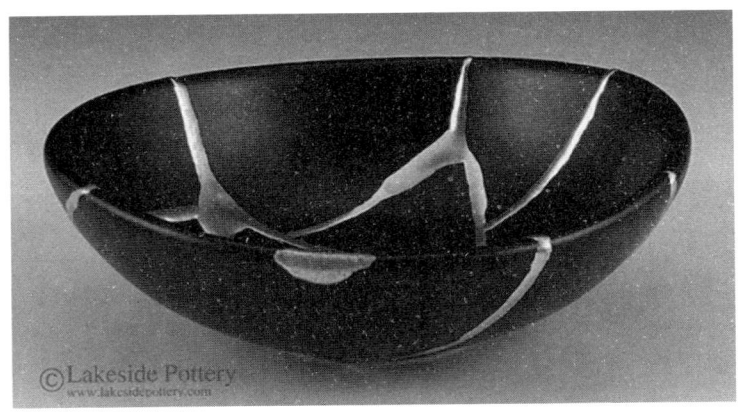

图2　莫蒂·巴卡拉克的作品(图源:www.lakesidepottery.com)

在神话、艺术和语言中，我们也同样表达出对完整和愈合的渴望，并希望找到修复不完整的方法，将破碎的自己和世界重新整合起来。

在现代，许多人都意识到了这种普遍的渴求。20世纪初的神学家托马斯·默顿说道："我们从内心深处渴望完整。"更近一些，奥普拉·温弗瑞，一位一生都在致力于治愈和修复创伤以及传播幸福的女士，也曾说过："活着的所有意义就是要进化成你想成为的那个完整的人。"

麻省理工学院高级讲师、组织学习协会的联合创始人彼得·圣吉则将完整和健康的理念结合在一起，认为："当今世界的不健康发展，与我们无法将其视为一个整体有直接关系。"在谈及《盲人摸象》的故事时，他指出："把一只大象一分为二，是没法变出两只小象的……生命系统具有完整性，它们的特性来源于整体。组织亦是如此，因此，若想搞清楚那些最具挑战性的管理问题，就需要了解产生这些问题的整个系统。"

通用电气公司的传奇人物——前首席执行官（CEO）杰克·韦尔奇对管理人士提出了这样一条建议："正视现实的

当下，而不是它的过去或将来。"为了更好地应对现实，你必须了解眼前的现实，并掌握其全貌。如果你所依赖的只是一些零散的碎片，那你就无法应对房间里那只作为整体的大象。

与韦尔奇一样，心理学家纳撒尼尔·布兰登将"尊重现实"视为心理健康的支柱。让现实支离破碎而不是完整如一，这样的行为显示了对现实的公然不敬，也在很大程度上解释了现代心理学失败的原因。尽管我们在心理疾病研究方面取得了很大进展，但事实上，抑郁、焦虑等心理疾病的严重程度却在急剧上升。不能实现健康与幸福、和平与和谐，在某种程度上是因为我们只关注了人类的某部分，而没有将人类视为一个整体。碎片化、不完整的现实，是不健康的现实。

我们的学术机构未能改善这种情况，反而还助长了现实的分裂。当今大学里，无论是学科间还是学科内，都缺乏整体性。首先，学科之间的界线过于分明，哲学家与心理学家、艺术家与科学家之间沟通甚少，这正在让我们远离健康与和平，走向疾病与不和。而在学科内部，情况也不容乐观。不同的心理学分支，如发展心理学、认知心理学、社会心理学、临床心理学等，彼此之间缺乏连接，这意味着大多数心理学家只能看到一小部分的现实。

由于学科间及学科内的割裂，许多心理学家甚至不能充分了解人类本身，遑论人类的需求。比如说，他们专注于研究大脑而忽略身体的其他部分，把人类的精神需求扔给神秘主义者，把心智问题留给哲学家。他们以盲人摸象的方式去看待人类，因而禁锢了自己的能力。研究各个不同的部分，并理解它们与整体的关系，是实现健康的必要条件。心理学必须像关注大脑一样去关注整个身体，像关注情绪幸福一样去关注精神幸福和心智幸福。

而医学和心理学一样，迫切需要整体性。例如，在研究中，解剖特定的肌肉或细胞组织，固然是必要且有用的，但在治疗疾病时，则需要我们了解整体。就像在金缮工艺中，我们并不会因为所有部件都破碎了就驻足不前，相反，我们会继续去收集这些碎片并进行修复。

西方哲学之父苏格拉底指出："希腊医生之所以对许多疾病束手无策，就是因为他们忽视了整体。脱离整体来治疗部分，肯定是行不通的。"事实上，在苏格拉底之前，东方哲学家，如中国的老子和印度的佛陀，也表达过相似的观点。东方医学在很大程度上采纳了身心合一的观点，而西方医学并没有。因此，在过去的两千年间，西方医学虽然也得到了发展，但仍有很大的进步空间，且这是可以实现的。总而言之，想要给人们带来健康，我们需要采用整体的、跨学科的方式，将古代和现代、肉体和精神、心灵和身躯、东方和西方融合在一起。

***

整体地看待幸福，意味着我们不该认为幸福只是由内在驱动的。事实上，内在和外在都是现实的一部分，来自同一个整体，并彼此相互关联，即外在影响着内在的同时，也会被内在影响。因此，把幸福理解为"全然为人"，意味着我们必须认识到，幸福的产生既可以由内及外，也可以由外及内。

由内及外地看，我们的个人选择在幸福中发挥着重要作用。选择对我们有意义的工作或爱好，既会影响我们自己的幸福，也会影响我们的工作氛围和家庭氛围。选择定期锻炼、保持充足的睡眠，也会影响我们及身边人的幸福。在后文中，我会提到更多案例，来阐述个人选择如何影响我们自己和他人的生活。

同时，正如政治学家詹姆斯·福勒和社会学家尼古拉斯·克里斯塔基斯的研究所示，外部环境也会影响我们的内在体验。福勒和克里斯塔基斯探讨了社会网络的作用，认为人们在一起参与社交活动时，会影响彼此的身心健康。其中，他们关于"幸福集群"（happiness clusters）的研究，与本书探讨的主题尤为相关。该研究表明，如果我们周围都是幸福的朋友，那么，我们更有可能感到幸福；而如果我们周围的人都不幸福，我们则更有可能感到不幸福。有趣的是，幸福比不幸福更具传染性，所以和幸福的朋友在一起，比远离不幸福的朋友更重要。

其他生活方式的选择也会直接或间接地影响我们的幸福，而这些选择又会受到我们所处的社会环境的影响。吸烟和肥胖的传染性已经得到证实，而锻炼和健康饮食的传染性亦是如此。但需要着重指出的是，社会传染并不一定会发生。换句话说，即使我们周围都是肥胖和不幸福的人，也并不意味着我们一定会肥胖或不幸福；同理，即使我们置身于那些欢欣鼓舞的人中间，也并不一定会变得健康和幸福。

在整体互联的现实生活中，一个人不仅会受到集体的影响，还会影响集体。正如一支蜡烛可以照亮整个黑暗的房间，一个幸福的人也能感染周围的人，甚至可以凭一己之力创造一个幸福的群体。

稀缺——缺乏或感觉缺乏必要的资源——也是幸福兼具由外及内与由内及外特点的体现。心理学家埃尔德·沙菲尔和经济学家塞德希尔·穆来纳森的研究表明，稀缺不仅会让人感到不悦和痛苦，还会导致思维受限、决策失误。换言之，稀缺会影响人们做出的选择的质量。因此，稀缺可以直接（通过引起痛苦）和间接（通过糟糕的选择）影响人们的幸福水平。

如果我们想要的是一个更幸福的世界，那么，很重要的一点就是要想办法减少稀缺问题，如贫穷、人类的基本需求难以被满足。当人们摆脱贫穷这一恶性循环时，他们很可能变得更幸福，而且，帮助他人缓解稀缺的人也可能从中受益。这是因为幸福感会随着稀缺的减少而上升，而鉴于社会传染的性质，这对我们所有人来说都是有益的。此外，给予，即对他人善良和慷慨，也是增加我们自己的幸福感的最佳方式之一（此点在后文中会详细讨论）。而缓解他人的稀缺感，也就是帮助他人，无论是对接受者还是施与者来说，都是终极财富的重要来源。

***

20世纪的神学家、哲学家和民权活动家霍华德·瑟曼是包括马丁·路德·金在内的数百万人的导师。他在其探讨人类最深层次的精神需求和希望的冥想作品集《内在之旅》（*The Inward Journey*）中写道：

> 你为完整而生，
> 身体、思想、精神融为一体，
> 内外和谐共处，

与身边的人和自然一起，

　　让地狱变成天堂。

　　仅用寥寥数语，瑟曼便抓住了"全然为人"的本质——每个人相互联系的各部分组成了我们的整体存在，它们再与外界相互关联，共同创造了我们的现实。

　　为了修复我们自己、我们的组织、我们的国家，为了推进心理学及医学等复杂学科的发展，我们需要从分裂走向统一，从破碎走向愈合，从局部走向整体。这样，我们就可以让自己和他人迈上一个更高的台阶，变得更加健康幸福，从而治愈这个世界。

第三章
SPIRE 幸福模型

对我来说，彩虹是一个极具希望的象征，它将白光分解成七色光，并揭开其隐藏的一面。这让我想起了我对科学使命的信念：穿透日常现实的层层迷雾来洞察真理。

——坎蒂丝·珀特

回到上一章中《盲人摸象》的寓言：当我意识到眼前的动物是一只大象时，我已经迈出了重要的第一步。但想要治愈大象，还需要了解更多的东西。比如说，它的不同构成部分——从其各种系统、器官、组织，一直到细胞——以及这些部分是如何相互作用、彼此影响的。同样地，将幸福定义为一种"全然为人"的体验也是重要的第一步，但这还不够。想要治愈个人、治愈群体，我们还需要尽可能多地了解构成整体的部分以及这些部分之间的相互关系。

追求幸福存在着固有的悖论，因此，理解其复杂性尤为重要。一方面，在过去几十年间，大量的心理学研究明确指出

了培养幸福感的价值所在,而且这种价值超越了幸福体验所固有的好处,即"感觉好"本身就足以让人感觉很好。例如:

- 提升幸福感可以改善生活中和职场中的人际关系。
- 幸福能增强免疫系统,幸福的人更加长寿。
- 幸福与友善紧密相关:幸福使人们表现得更加慷慨友善,而慷慨和友善又会给人们带来幸福。
- 在工作场所,幸福感的增强可以提升员工的留任率和工作投入度,激发创新行为,减少工作倦怠,从而提高员工的生产力和组织绩效。

幸福能给我们带来诸多切实的、可量化的好处,因此,我们理所当然会重视幸福。但另一方面,让人感到困惑的是,也有研究表明,过度看重幸福可能会给我们带来伤害。例如,2011 年丹佛大学团队的一项研究发现,高度重视幸福的人更有可能感到孤独,而孤独又与不幸福甚至是抑郁密切相关。该研究的首席研究员艾莉丝·摩斯推测,过度关注幸福的获取,可能会使人们忽视生活中有助于他们感到幸福的部分，比如说，与他人的关系或自我关爱。

那么，看重幸福是一件坏事吗？如果我们不看重它，为什么还要追求它呢？也许我们可以自欺欺人，告诉自己，我们花了那么多时间所追求的幸福，实际上对我们并不重要？于是，我们就面临着一个莎士比亚式的悖论：重视幸福还是不重视幸福，这是个问题！

解决这个悖论的关键在于，我们需要去重视（并追求）那些能间接带来幸福的要素。19世纪的英国哲学家约翰·斯图亚特·穆勒认为："只有那些一心想着自己的幸福以外的目标的人才是快乐的……而在追求其他目标的过程中，他们正好也找到了幸福。"那么，这个"其他目标"是什么呢？

此时，"全然为人"这个概念就能发挥作用了。它可以将我们的注意力从直接追求幸福转向追求那些能够间接使人幸福的要素，从而解决这个悖论。具体而言，"全然为人"的每个要素，即构成整体的每个部分，都是通往幸福的间接路径。那么，这些要素、这些部分、这些间接路径都是什么呢？为了与幸福学的跨学科性质保持一致，我融合了东西方文化，并借鉴哲学家、经济学家、心理学家和生物学家们的成果，将"全然为人"视为一个多维度、多层面的变量，并认为其包括以下五部分：

- 精神幸福（Spiritual wellbeing）
- 身体幸福（Physical wellbeing）
- 心智幸福（Intellectual wellbeing）
- 关系幸福（Relational wellbeing）
- 情绪幸福（Emotional wellbeing）

这五个要素的英文单词的首字母共同组成了 SPIRE 这个缩写词，而这个词的各种含义都与幸福息息相关。"spire"是指"某种事物的最高点"，而幸福，作为一种终极财富，正是目标层次的最高点。"spire"还指"种子刚发芽时其末端所爆出的嫩芽"，它引领植物的其他部分破土而出，欣欣向荣。同样，追求幸福也可以帮助我们突破束缚和限制，使我们整个自我得以蓬勃发展。此外，"spire"作为"respire"（呼吸）和"inspire"（激励、吸气）等词的词根，还有"呼吸"或"生命力"的意思，而追求幸福可以让我们变得生机勃勃。

***

以下是对 SPIRE 模型每个要素的简要描述：

- 精神幸福： 大多数人将精神与宗教，特别是对上帝的信仰，联系在一起。虽然精神幸福确实可以在宗教中找到，但我们也可以走一条独立于宗教的精神幸福之路。精神幸福强调找到目标感和人生意义感的重要性，以及通过正念将平凡的经历提升到非凡的境界。
- 身体幸福： 在西方，人们往往会受到二元论的影响，无法理解"身心相连"这个概念，而这对人们获取身体幸福恰恰是至关重要的。身和心并不是两个独立的实体，而是相互关联、相互依存的；幸福不取决于身或心中的任何一个，而取决于两者的结合。想要实现"全然为人"的潜能，我们需要锻炼身体，保证充足的营养和睡眠，维持充满爱意的肢体接触。

- 心智幸福：尽管智力与幸福之间的关系不明确，但如何运用我们的智力与幸福是密切相关的。许多教育者和家长认为，优异的成绩和进入顶级大学会为孩子的幸福铺平道路，其实不然。好奇心和开放性以及深度学习才是我们获得心智幸福的基石，也是"全然为人"的延伸。

- 关系幸福：幸福的首要预测因素既不是金钱或声望，也不是成功或荣誉，而是与我们关心的人以及关心我们的人共度的时光及其品质。健康的人际关系是充实生活的核心，但这并不意味着只有与朋友、家人或同事建立关系才是重要的，如果我们想要享受与他人的健康关系，培养与自己的健康关系也必不可少。

- 情绪幸福：情绪在幸福的整体体验中起着重要的作用。

它影响着我们的思想和行为,也是我们思想和行为的产物。情绪幸福取决于我们能否培养愉悦的情绪,如喜悦和感激,以及我们能否以健康的方式处理痛苦的情绪,如嫉妒和悲伤。

SPIRE 模型的每个要素都会间接地让我们的生活更加幸福。通过关注这些要素,我们能避免陷入幸福的悖论。虽然高度看重并直接追求幸福可能会适得其反,但我们可以通过从直接追求幸福转向间接追求幸福的要素,如专注于对个人有意义的工作(精神幸福)、定期锻炼和健康饮食(身体幸福)、终身学习(心智幸福)、与亲朋好友共度时光(关系幸福)以及记录自己的感受或参与有趣的活动(情绪幸福),来获得更多"全然为人"的体验。

***

幸福与 SPIRE 模型的这些要素之间的关系,就好比阳光和彩虹一样。幸福就像太阳发出的白色亮光，令人愉悦、充满活力。但正如艾莉丝·摩斯及其同事所言，直接追求幸福可能会适得其反。而 SPIRE 模型的要素就像彩虹的颜色一样，美丽动人，但又不会过于耀眼，让人无法直视。虽然直接追求幸福可能会带来伤害，但我们可以使用棱镜或透镜，将人生的终极财富——幸福——分解成 SPIRE 模型的五要素（见图 3）。这样，我们就可以在不伤害自己的情况下，去理解、追求和获得幸福。

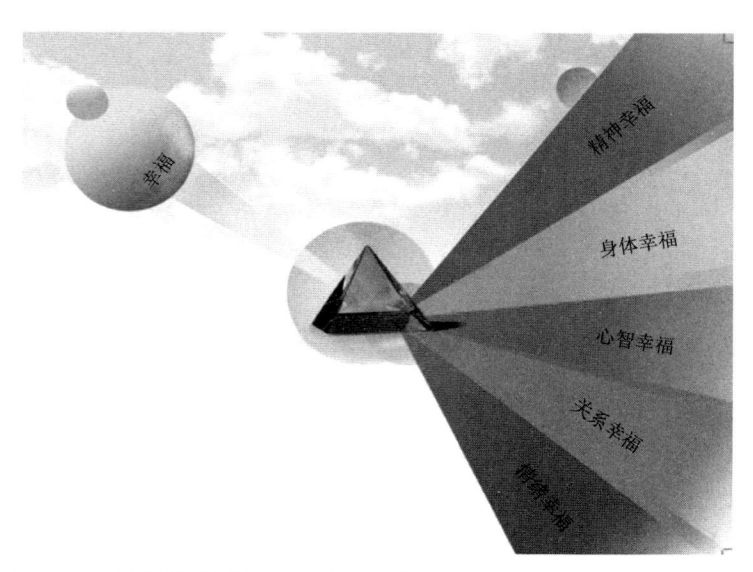

图 3　SPIRE 幸福模型（图源：幸福研究院）

神经学家坎蒂丝·珀特在谈及追求幸福时指出，彩虹确实是一个"极具希望的象征"，这让她想起自己的信念——"科学的使命，是穿透日常现实的层层迷雾来洞察真理"。而这也启示我们，幸福学的使命就是要揭开人生终极财富的"隐藏维度"，从而去深入探寻美好生活的真谛。

如果没有光谱成分（彩虹的颜色），纯粹的白光便不可能存在。同样，想要充分定义并找到幸福，SPIRE 模型的五个要素缺一不可。我们可以试问自己几个问题：幸福就是找到一个让我们生活有意义的目标（精神幸福）吗？幸福取决于我们对健康和活力的体验（身体幸福）吗？幸福来源于学习和思考（心智幸福）吗？幸福依赖于我们与他人的互动（关系幸福）吗？幸福就是体验愉悦（情绪幸福）吗？对于这些问题，答案都是"部分如此"，因为它们都是"全然为人"的基本要素：如果生活没有目标和意义，幸福将很难维持；疾病、慢性疼痛和疲劳往往会导致痛苦；逃避深入地思考问题，就会削弱我们过上充实而美满的生活的能力；没有我们关心的人和关心我们的人，我们很可能会感到孤独和沮丧；一个人若是很难体验到愉悦或快乐，便肯定是不幸福的。

那么，这是否意味着如果我们不能在SPIRE模型的所有维度上都蓬勃发展，我们就应该放弃幸福呢？这是一个全或无的命题吗？这是否意味着我们要么关注幸福的所有要素，要么什么都不关注呢？答案是否定的，而这也是棱镜这个类比的局限所在。诚然，太阳光和幸福都由重要的、相互依存的成分组成，但它们之间有一个重要的区别：红光或绿光在没有其他光谱成分的情况下是不会变白的，白光也需要所有光谱成分的结合才能产生，但幸福并非如此。

理想情况下，我们希望培养SPIRE模型的每个要素，但实际上，即使只有一个要素，也能提升我们的整体幸福感，即"全然为人"。比如说，锻炼身体就是提升幸福感的一种有效方法，有质量地陪伴亲朋好友也是。我们不需要做所有的事，只需要一些小小的改变，就能带来很大的不同。

当我们培养SPIRE模型的各个要素时，无论是一个一个地培养还是同时培养，都会激励我们不断向幸福的塔尖攀登，过上向往的生活。

***

从年轻的学生到年长的父母，从学者到业界人士，当向这些不同的人介绍 SPIRE 模型时，我经常会被问及的一个问题是：那金钱在幸福中的作用呢？为什么不将财富或物质作为一个方面加入 SPIRE 模型呢？为什么不把"财富幸福"（Affluential wellbeing）纳入"全然为人"，将 SPIRE 扩展为 ASPIRE 呢？毕竟，金钱对我们的幸福也很重要，不是吗？

当然，向 SPIRE 模型现有的五个要素中添加第六个要素是完全合理的。讨论幸福模型应当包含什么或排除什么是一件好事，而不该被看成是一个麻烦。我之所以选择不把财富幸福纳入幸福模型，并不是因为我认为它不重要，而是因为它对幸福来说是次要的，而非主要的要素。换言之，精神幸福、身体幸福、心智幸福、关系幸福和情绪幸福才是人类所追求的主要目标，而物质幸福只是实现这些目标的次要手段。也就是说，金钱在我们追求幸福的过程中起着支持性的作用，有可能对 SPIRE 模型中的每一个要素都有影响。

这里，我举几个例子来说明财富幸福对 SPIRE 模型五要素的支持作用：金钱能买到我们生活所必需的食物，从而支持并促进我们的身体幸福；如前所述，稀缺会让人感到悲伤和焦虑，而足够的金钱可以满足我们的基本需求，这对于情绪幸福也很重要；如果我们想在良好的状态下学习（心智幸福），或是尽情享受与家人朋友共度的时光（关系幸福），那么，对基本物质需求的满足是不可或缺的。在我们的基本需求得到满足后，我们还可以把钱用在正确的地方，让它在我们的幸福水平中继续发挥作用。例如，就终极财富而言，金钱可以用来购买或创造有意义的体验（精神幸福），而这远比用金钱购买更多的东西让人受益。

18 世纪的德国哲学家伊曼纽尔·康德的道德理论很好地阐释了手段与目标的区别。该理论认为，我们想要行为道德、明辨是非，很重要的一点就是将人类视为目标，而非手段，即要看到人类自身的价值，而不仅仅将其视为满足需求的工具，这也就是康德所说的："无论对待自己还是他人，都要把人视作目标，而不仅仅是手段。"同样，在我提出的幸福理论之中，SPIRE 模型的五要素作为一种目标，就应该拥有其特殊的地位，这样才能与其他有价值的事物——比如说金钱——相区分。虽然金钱很重要，但它只是工具而已。

  SPIRE 模型的五要素是个体主要的本质需求，对人类潜能的实现至关重要。纵观历史，哲学家和心理学家一直试图去定义人类的本质，虽然个别思想家和思想流派之间并不总能达成一致，但在汇总他们的观点时，我们发现 SPIRE 模型的五要素是人类本质的基本要素。比如说，心理学家和哲学家将人类定义为"寻求意义的动物"（精神）；亚里士多德认为人类是"理性的动物"（心智）；约翰·邓恩说"没有人是一座孤岛"（关系）；几乎没有人会将自己降级为机器人，并否认正是情感和欲望（情绪）塑造了人类。最后，人类被定义为"追寻意义的、理性的、需要人际关系的或是有情绪的某种动物"，这意味着我们的身体也是人类本质的一部分（身体）。

  虽然大多数人——包括伟大的哲学家和心理学家——认可金钱在幸福中所起的重要作用，但很少有人认为我们是财富性（Financial）动物，即使是经济学家。当然，如果你持不同意见，并认为将金钱作为幸福理论的一个主要目的将有助于你更好地理解、追求和实现"全然为人"，那么，你的幸福模型就是 ASPIRE 或 FSPIRE。

***

为了把"全然为人"的观念融入到生活中,我想举一个自己的例子。每逢周五晚上,在我父母家里,我会与大家庭的亲人们共进晚餐,于我而言,这就是 SPIRE 模型五要素的重要来源。

大多数周五的晚上,我的父母、妻子、孩子、兄弟姐妹及其家人会欢聚一堂,我深刻地体会到,与人生至爱共度时光是多么有意义的一件事。晚宴的一些环节——包括对着葡萄酒和面包祈祷、用歌声迎接安息日以及参与其他传统仪式——共同构成了一种"精神幸福"的体验。

周五聚餐也是一种"身体幸福"的体验:我母亲做的食物既美味又健康;我兄弟经常会把我们逗得捧腹大笑,让我们感觉就像是在做腹部锻炼。此外,不断地拥抱和亲吻也让我体验到了"身体幸福"。

除了美食,还有丰盛的精神食粮,它为我们带来了"心智幸福"的盛宴。平时我们一般只谈论日常事务,而在周五晚上,我们会探讨有关哲学、政治、教育等方面的话题,彼此分享更具有深度的观点和想法。通常,我的母亲或兄弟会准备一个简短而发人深省的布道。在布道中，他们会将《圣经》中的某个主题与我们的生活联系起来，从而让古老的智慧与现代生活碰撞出火花。我的父亲则知识渊博，他总能带领我们进行精彩的讨论，或给我们讲述启迪人心的故事。晚餐结束后，我总会感觉自己的心智得到了滋养，感觉学到了新知识，被激励着去深入探索晚宴上讨论的观点。

"关系幸福"的体验在周五晚上尤为突出。和世界上我最关心的人共度数小时美好时光后，我的体验很好地证实了幸福的首要预测因素就是与我们关心的人和关心我们的人在一起的时间。当我与家人或朋友共度时光而不被打扰时，我的"全然为人"指数通常会显著提升。

在周五的晚宴上，精神、身体、心智和关系这些要素结合在一起，给我带来了深刻的情绪体验。我们共度的时光里，充满了欢乐、趣味和爱。同时，这里也是一个能让我们所有人分享困惑、表达悲伤或痛苦的安全港湾。

那么，每个周五晚上都会给我带来巅峰体验吗？并非如此。有时候，当我感到筋疲力尽或心情沉重时，我就无法全身心地沉浸其中。有时候，某个家庭成员正经历困难时期，这自然也会影响到我们其他所有人。但无论如何,这些定期的聚会一次又一次地给我和我的家人们带来了"全然为人"的深刻体验。

我选择以家庭聚餐为例,是因为其具有特殊性,即在一个晚上就可以体验到"全然为人"——享受到精神、身体、心智、关系和情绪上的幸福。当然,我家也并非每周五都能做到如此。不过,即使多数或所有的体验无法满足 SPIRE 模型的全部要素,我们也没有必要感到绝望。

我们可以用一整天的时间,去体验"全然为人"的某些而非所有要素。我们也可以用更长的时间,比如说一个月,甚至是一生,去细细品味生活中的小确幸,从而享受到幸福的盛宴。要知道,每当我们培养一种 SPIRE 要素时,它都会照亮我们的生活。

第四章
幸福的十二条准则

> 准则是一个抽象的概念，却富有具体的内涵。只有依靠准则，人们才得以树立长远的目标，并时刻评估具体选择的好坏。
>
> ——安·兰德

作为交叉学科，幸福学具有十二条核心准则，这些准则能让我们更深入地理解"全然为人"取向和 SPIRE 模型的五要素。在本章中，我会先阐述这些准则的重要性——无论是对学术体系的建立，还是对"全然为人"的体验和促进而言——然后，我将简要介绍每一条幸福准则。

准则就是基本思想，是思维或信念系统的根本法则，为系统的设计和结构提供了基础。准则界定了系统，像守门人一样，决定着系统内应该包含什么、不包含什么。如果把系统比作建筑，那么，准则就为建筑提供了设计方案，界定了建筑结构的边界，从而确定了结构内外所包含的内容。

然而，为什么我们需要幸福的守门人呢？如果我们认为有很多条通往幸福的道路，那为什么还要为该包含什么和排除什么设定结构性的边界呢？这是因为，没有准则会让系统变得模糊不清、毫无意义。如果没有区分准则，那么，任何事都可能发生，所有的事同等重要——这也意味着没有什么事是重要的。

试想一下，在一个世界里，如果一切都是蓝色的，也就等于没有蓝色。只有将蓝色与其他颜色区分开来，我们才能理解什么是蓝色。同样，在一个世界中，如果所有的想法和实践都被界定为"全然为人"，那么也就不存在"全然为人"了。明确的准则使我们能够区分哪些想法和实践可以通往"全然为人"，哪些则不行。它们能帮助我们区分相关内容和无关内容，让我们更好地去理解、追求和获得幸福。

我先举一个来自数学领域的类比。数学是被公理、定理和定律等形式的准则所支配的。其中一条最简单的定律是加法交换律，即 $A+B=B+A$。如果我们用另一条定律如 $A+B=A-B$ 来替代加法交换律，就会定义出一个新的系统或研究领域。这是因为，无论 $A+B=A-B$ 代表什么，它都不是我们熟知和研究的数学。只有将 $A+B=A-B$ 排除在该领域的结构之外，数学才能保持其一致性和有效性。

另一个类比是国家宪法。宪法为国家治理提供了指导方针，如允许什么、禁止什么。宪法规定了由其衍生出的其他法律法规的基本法则，并为判断人类的活动是否合法提供了标准。也就是说，宪法构建了社会的准则。尽管人们对宪法某部分的理解可能有所不同，但宪法仍然是解决分歧的基础。因此，政府和法院都会致力于维护宪法。

这十二条准则之于幸福学的重要性，就好比公理、定理和定律之于数学，宪法之于国家。更确切地说，幸福学的准则为未来的研究指引着方向。而同样重要的是，用哲学家安·兰德的话来说，这些准则能让我们"时刻评估具体选择的好坏"，并引领我们过上更健康、更幸福的生活。

***

以下是幸福学的十二条准则。前两条，即"全然为人"准则1和准则2，是奠定幸福学研究领域基础的首要准则。从这两个基本前提出发，其他十条准则为理解和追求幸福提供了更详尽的指导。这十条准则平均分布在 SPIRE 模型的五个要素中——每个要素有两个准则——并对上一章中我简短描述的每个要素展开详尽的阐释。

"全然为人"取向的十二条准则

全然为人 1（W1）

生活的目标是，且应该是，全人幸福。

全然为人 2（W2）

世间万物相互关联。

精神幸福 1（S1）

精神幸福源于有意义的生活。

精神幸福 2（S2）

正念——化平凡为非凡。

身体幸福 1（P1）

身心相连。

身体幸福 2（P2）

拥有健康的生活需要遵循我们的天性。

心智幸福 1（I1）

保持好奇和开放，就可以充分利用生活所赋予的一切。

心智幸福 2（I2）

深度学习——充分发挥人类作为理性动物的潜能。

关系幸福 1（R1）

要想生活充实美满，人际关系至关重要。

关系幸福 2（R2）

自爱是与他人建立健康关系的基础。

情绪幸福 1（E1）

所有情绪都是合理的、可接受的，是人类存在的一部分。

情绪幸福 2（E2）

情绪，既是思想和行为的产物，又影响着思想和行为。

全然为人 1（W1）
生活的目标是，且应该是，全人幸福

我们本能地会去追求幸福——不仅仅是快乐或满足，还包括"全然为人"的感觉，即我们寻求一种精神富足、身体健康、心智活跃、关系融洽、情绪愉悦的体验。

从亚里士多德到海伦·凯勒，从老子到佛陀，许多哲学家和神学家都直接或间接地阐释了"全然为人"的第一个准则。北美哲学家和心理学家威廉·詹姆斯在其里程碑式的著作《宗教经验种种》中写道："如果要问'人类生活的主要关注点是什么'，其中一个答案肯定是'幸福'。事实上，对大多数人来说，如何获得、保持或恢复幸福，是所有行动和坚持的潜在动机。"

幸福是我们的目标，并不意味着它应该成为我们的目标。换句话说，虽然大多数人将幸福当作终极目标，但并不一定意味着这么做就是对的。而第一条准则指出，我们应该追求"全然为人"，因为有确切的证据表明，这么做无论对个人还是对社会都大有裨益。

在一篇回顾幸福研究的综述中，心理学家索尼娅·柳博米尔斯基、劳拉·金和埃德·迪纳指出："众多研究表明，幸福的人能在生活的各个方面——包括婚姻、友谊、收入、工作表现以及健康状况——都非常成功。"既然幸福有这么多好处，我们为什么不该追求幸福呢？反对追求幸福的一种主要观点认为，个人利益和他人利益之间存在冲突，因此，追求个人幸福与他人获得幸福是对立的,即如果我为自己追求并获取更多的幸福,就必然会剥夺他人同等的幸福。然而,越来越多的研究指出,追求"全然为人"式的幸福可以建立一种双赢的局面,让负和博弈变成正和博弈。

幸福与善良之间相互影响,呈螺旋上升的态势。比如说,慷慨待人会让我们感觉更好,而当我们感觉更好时,更有可能会慷慨待人。同样,善待他人是人们获得健康(身体幸福)和生命意义感(精神幸福)的重要源泉,而当我们身体健康、生活充满意义时,我们更有可能帮助他人。

幸福是一个值得追求的目标,因为我们不仅自己能从中受益,还能让这个世界变得更加幸福、健康和美好。

***

全然为人2(W2)
世间万物相互关联

这条准则呼吁我们系统地去看待世界、看待生活。我们每个人都是一个整体，由相互关联的部分组成，而我们这样的小整体，又构成了更大整体的一部分。这也呼应了我们之前关于整体重要性的讨论：学会将自己和世界视为相互关联的整体，对于人们的身心健康、个人和集体的和谐都是至关重要的。正如组织行为学家玛格丽特·惠特利在其一篇名为《这是一个相互关联的世界》的文章中所写："我相信，我们的生存发展取决于我们能否成为更好的系统性思考者。"

在个人层面上，如果我们想要过上充实美满的生活，就必须理解 SPIRE 五要素之间的相互关联性以及这些要素对"全然为人"的整体影响。举个例子，如果一个人决定去过享乐的生活，专注于任何能为他带来快乐的事情（情绪幸福），而放弃追求目标意义感（精神幸福），那么，他就不太可能体验到深层次的幸福，也难以维持长久的幸福。同样，如果一个人只锻炼其思维（心智幸福）而忽视了其体魄（身体幸福），这不仅会有损身体健康，而且也不利于心理健康。同样的情况也适用于 SPIRE 的所有五个要素——任何一个要素的破坏都会影响到整体幸福感。

在社会层面上，理解我们与他人及环境的相互关联，无论对世界还是个人来说，都是至关重要的。诗人 T.S. 艾略特认为，"在地狱里，事物之间毫无关联"。那么，在天堂里，一切都是相互关联的吗？

在一些宗教信仰传统中，有一个广为流传的寓言：在地狱里，一群人围坐在一张大桌子旁，桌上摆着很多美食，但他们却饥肠辘辘，原因是他们用的勺子比手臂还要长，无法给自己喂食，所以享受不到眼前的美食。而在天堂里，同样的食物和勺子，人们却可以享受到美食，因为他们互相喂着吃。对于彼此间的相互依赖性，他们选择的是欣然接受而非视而不见。

***

精神幸福1（S1）
精神幸福源于有意义的生活

这条准则对宗教在精神领域的垄断提出了挑战。诚然，宗教可以——并且确实经常——给我们带来精神幸福，不过，在生活中的其他方面，我们也能够体验到精神幸福。在牛津英语词典中，"灵性"（spirituality）一词被定义为"真切地感受到某事的意义"。而我们几乎可以将意义感和重要性，即目标感，融入到自己所做的每件事中去，由此在日常活动中体验到精神幸福。试想一下，如果一位投资银行家在工作中有目标感，认为自己的工作很重要，而一位僧侣却找不到自己日常仪式的真正价值，那么，投资银行家将比僧侣体验到更多的精神幸福，其生活也更充实。

第二次世界大战之后，意义疗法之父维克多·弗兰克尔曾写到，他在学生身上感受到了前所未有的"存在空虚"。如今每况愈下，在我们社会的年轻成员身上尤为凸显。斯坦福大学教授威廉·达蒙在其著作《通往目标之路》（*Path to Purpose*）中指出："当今最普遍的问题是空虚感，这种空虚感困扰着许多年轻人……冷漠和焦虑已经成为主导情绪，脱离现实或愤世嫉俗取代了年轻人天生的希望感。"没有目标感，年轻人就不可能体验到幸福；没有目标感，老年人就更有可能死亡。正如达蒙总结的那样："一项又一项的研究发现，一个人的目标感几乎与幸福感的所有维度密切相关。"

  目标并不一定是宏伟惊人的。比如，有人觉得破译失落文明的古老文本意义重大，而有人觉得寻常的家庭养育也很有意义；有人会因在小镇上教一小群学生而体验到目标感，也有人会在布施食物时收获成就感；还有一些人则认为，买卖股票或写政治社论也很有意义。当然，也有许多人通过宗教和对上帝的信仰在生活中找到了目标感，并由此体验到精神幸福。总之，当一个目标或一项活动变得重要而有意义时，人们就能从中体验到精神幸福。

＊＊＊

精神幸福2（S2）
正念——化平凡为非凡

  精神幸福的第一条准则不仅指出了目标感和意义感的重要性，还间接限定了"精神的"（spiritual）一词所描述的范围——只有那些富有意义的活动才能用这个词来描述。而第二条准则消除了所有的准入门槛，认为我们可以从所做的任何事中收获精神体验。想要获得这种精神体验，我们不必由外及内地让一项活动变得重要且有意义。事实上，任何体验都具有其内在价值，从而可以由内而外地变得非同寻常。正如作家亨利·米勒所写："当一个人密切关注任何事物时，哪怕是一片草叶，它也会变成一个极其神秘、令人敬畏、难以言喻的广袤世界。"

1999年，积极心理学领域的权威学者米哈里·契克森米哈赖提出了一个简单的问题："我们如此富有，为什么我们不快乐？"研究表明，尽管我们这代人比上代人更富有，但我们并没有因此而感到更幸福。事实上，在物质财富增长的同时，我们抑郁和焦虑的程度也在上升。心理治疗师塔拉·贝内特-戈尔曼曾为东西方心理学的融合做了很多工作，她对契克森米哈赖的问题给出了一个生动的答案，解释了为什么不断增长的物质财富没有转化为幸福感的提升以及我们可以做些什么来改变这一点。

如果我们不用心投入，如果我们的思绪被其他事情占据，即使是最丰盛的宴会、最奇异的旅行、最有趣而又最吸引人的爱人、最美好的家，也不会让我们感到满足。而如果我们能充分享受其中，那么，哪怕是生活中最简单的事情——吃一片刚烤好的面包、欣赏一幅艺术作品、与爱人共度时光——也会让我们拥有非常丰富的体验。消除不满的良方就在我们的心中和我们的头脑中，而从外部寻找的各种新异的满足之源并不能填补我们内心的空洞。

经常且持续地保持正念、专注当下——无论是通过正式还是非正式的冥想——可以提升我们的精神幸福乃至整体幸福感。当我们有觉知地穿越这个世界时，一切平凡会变得非凡，所有世俗会化作神圣。专注于我们的呼吸、观察一团火焰、品味新鲜草莓的味道、走路时感受自己的身体，这些体验都是精神富足的重要组成部分。正如佛教僧侣一行禅师所言："在任何时刻你都能做选择——靠近或远离你的心灵。"

***

身体幸福1（P1）
身心相连

17世纪，法国哲学家勒内·笛卡儿写下了名言"我思故我在"，并开始发展其二元论思想，即认为"心灵和身体是相互独立、毫不相干的"。然而，心灵为何会或如何引领身体行动？身体状态又为何会或如何影响心理状态？笛卡儿对此并没有给出一个很好的解释。尽管如此，他的理论仍然对西方哲学和医学产生了深远的影响。而身体幸福的第一条准则就是对"身心可以分离"这种二元论思想提出疑问。

二元论给身心带来的代价是高昂的。脱离了心灵来治疗身体，我们就无法获取最佳的健康水平；而脱离了身体来治愈心灵，我们的幸福感也会大打折扣。已有大量研究表明，心灵是可以影响身体的。以安慰剂效应为例：仿制药物可以缓解头痛，模拟手术可以治愈膝盖疼痛，这是因为我们相信它们是有效的。其他研究也表明，认知行为疗法或正念干预可以缓解背痛，其效果不亚于物理治疗。

身体对心灵的影响也显而易见。体育锻炼、健康饮食、触摸给人们心理上所带来的好处表明，人的身心是不可分割的，而并非笛卡儿所认为的那样，身体和心灵是不同的两个实体。正如"健康"一词的拉丁语词源所示，我们需要整体医学（wholistic medicine）和整体心理学（wholistic psychology）来实现自己的健康潜能。

正念减压治疗（MBSR）的创始人乔·卡巴金写道："行为医学最重要的发展也许就是认识到，人的身心是相互关联的，所以，健康不能只被认为是身体或心灵的某一特性。"只有秉持"身心一体"的整体性思维方式，才能实现健康潜能和幸福潜能。

***

身体幸福2（P2）
拥有健康的生活需要遵循我们的天性

身体幸福的第二条准则，其哲学根源可以追溯到与勒内·笛卡儿同时代的英国哲学家弗朗西斯·培根。培根认为，要想实现进步并将自然的潜能为我们所用，就必须先接受现实。只有接受自然的规律和过程，即接受它们的存在，而非妄图强行改变，我们才能有效地利用它们。弗朗西斯·培根这种"欲驾驭自然必先顺之"的观点为现代科学奠定了哲学基础。

科学革命的诞生引发了工业革命，并带来了前所未有的物质财富，这都是因为人们听从了弗朗西斯·培根的建议，遵循了自然法则。弗朗西斯·培根呼吁人们遵循自然法则，其中隐含着两个独立的步骤：首先是理解自然，其次是顺应自然。例如，只有先理解了万有引力定律和热力学定律，然后再遵循这些定律，人们才能制造出飞行器并完成其他工程学上的壮举。一个工程师如果不了解自然法则，或者虽然了解却选择一厢情愿地沉溺于幻想中，那么，他就不太可能成功挖掘出现实世界的内在潜能。

同样，为了实现身体内在的潜能，让自己体验到身体幸福，我们首先必须了解自己的自然生理需求，然后去顺应它们。目前，现代科学和医学正向我们揭示越来越多关爱身体和顺应自然需求的方法，让我们能更容易地发挥出自己的最佳潜能。

例如，定期的体育锻炼，能像最有效的精神药物一样，对我们的心理健康起到作用。顺应自然规律的休息和恢复——比如充足的睡眠——可以有效地治疗抑郁和焦虑，有时甚至能左右人的生死，从而对我们的心理健康和身体健康起到至关重要的作用。就营养方面而言，我们的偏好越接近自然——如选择天然食品而不是加工食品——我们会活得越好，越长寿。用《国家地理》杂志的研究员丹·比特纳的话来说，听从自然的命令，你就能"给生命以时光，给时光以生命"。

***

心智幸福1（I1）
保持好奇和开放，就可以充分利用生活所赋予的一切

好奇心（对学习的渴望）和开放性（对行动的渴望）是实现"全然为人"潜能的关键。我们天性好奇、开放，从内心深处渴望去了解这个世界。这种对学习的热爱几乎不会消失，但有时却蛰伏着，等待被唤醒。为了重新唤起好奇心，我们需要更多地去提问、去探索、去尝试、去接触这个世界，甚至在遭遇挫折之后也要继续如此。

重燃学习热情的障碍之一，就是错误地认为有些人根本就不具有好奇心和开放性，或由于种种原因，他们对学习和成长的渴望已经永久消逝。然而，当一个人说"我不喜欢学习"时，就像在说"我不喜欢吃饭"。事实上，我们可能不喜欢吃沙丁鱼或腌黄瓜，但我们天生能从吃东西，或者至少是吃某些东西中获得乐趣。同样，我们可能不喜欢学习微积分或古代语言，但我们的天性决定了我们必然能从学习中收获乐趣。食物是人类生存所必需的，我们生来就有对食物的渴望，而学习和成长也是生存所必需的，因此，我们自然会像渴望食物一样，渴望学习和成长。正如食物和水能满足我们的生理需求一样，放飞我们的好奇心、去感受不同的体验也能滋养我们好学的天性。

作家兼民权活动家莉莲·史密斯写道："当一个人停止学习、停止倾听、停止寻找和提出新问题时，他的生命就该结束了。"实际上，学习新事物不仅有助于心理健康和幸福，还有助于身体健康和长寿。斯坦福大学寿命研究中心主任、心理学家劳拉·卡斯滕森表示："我认为大多数社会科学家都会为教育投资，因为这是确保长寿的最重要因素。"

***

心智幸福2（I2）
深度学习——充分发挥人类作为理性动物的潜能

人们常常误以为理想的生活就是做一头埋头吃草的奶牛——虽囿于一方，但无忧无虑，生活简单。然而，由于我们独特的天性，仅仅填饱肚子是无法让我们感到满足的。亚里士多德将人定义为一种理性的动物，并认为正是因为有了思考和反省的能力，人类才得以与其他物种区分开来。人类虽然为此付出了代价——如果亚当和夏娃当初没有偷食禁果，我们的生活可能会更简单——但没有回头路可走。我们生来就是要通过锻炼心智来发挥潜能的，而这需要我们付诸决心和努力。正如阿比盖尔·亚当斯所指出的："学习不能投机取巧,只能凭借热情和勤奋。"

锻炼心智能力既不是为了取得巨大的成就,也不是为了变得无所不能。心智幸福的第二条准则指的是过程,而非结果;是运用我们的能力,而非获取可量化的结果。即使我们有成为世界著名学者或国家总统的潜能,也不影响我们从反复阅读诗歌或经常参观当地艺术博物馆中体验到幸福。成为著名学者或总统是潜能的外在表现,而"全然为人"则是潜能内在应用的结果——外在标准衡量的成功与深刻持久的幸福感之间没有必然的联系。因此,充分利用心智能力所带来的满足体验,是"全然为人"的一个基本要素。

现代社会中最困扰人的一个问题是,人们习惯于网上冲浪和浅尝辄止式的略读,而几乎普遍忽视了要进行深入的挖掘。认真研读一篇文章,抑或是近距离探索自然;深入研究一个数学问题,抑或是用心聆听一段钢琴协奏曲;尝试更好地理解社会情境的复杂性,抑或是学习一段舞蹈——这些都是培养心智幸福的方式。正如20世纪英国哲学家伯特兰·罗素所写:"只有充分发挥自身的才能去改变世界,才能获得真正令人满意的幸福。"

***

关系幸福1（R1）
要想生活充实美满，人际关系至关重要

投入人际关系，与我们关心的人和关心我们的人共度时光，会在人生的终极财富上带来最好的回报。世界上最幸福（和最健康）的人会花时间与他关心以及关心他的人在一起。世界上最幸福的国家并不是最富裕的，而是重视社会关系的国家。正如弗朗西斯·培根在17世纪初指出的那样："友谊使快乐加倍，让痛苦减半。"

要想实现人际关系中的潜能，需要满足两个条件：一是把人际关系放在首位，二是让这些关系存在于现实生活中。越来越多的人把事业和金钱作为衡量成功的首要标准，并把它们——而非人际关系——作为生活的重中之重。然而，将赚钱作为人生首要目标的人普遍不如其他人幸福——这一发

现不仅适用于普通人群,也适用于商学院的学生。当然,追求物质上的成功和经济上的保障并没有错,但如若这种追求需要牺牲获得幸福最重要的源泉,我们就会在心理上付出代价。用纽约大学社会学教授埃里克·克林伯格的话来说:"社会关系是幸福感强有力的预测因素,比金钱重要得多。幸福的人拥有广泛的社交网络,并与这些网络中的人保持着良好的人际关系。"

实现人际关系潜能的第二个条件是,人际关系需要存在于现实生活中。如今,现实生活中的社交聚会常被虚拟的网络社交替代。网络社交固然有许多好处,却远不足以使我们获取幸福感。虚拟世界中的一千个朋友抵不过现实生活中的一位密友,社交媒体上的互动无法代替面对面的交流。与他人通过屏幕互动的时间越多,我们的孤独感就越强,而孤独感又与抑郁和心脏病有关。克林伯格指出:"(相较于面对面互动)在线互动的时间越长,你就越孤独。"尽管线上交流很吸引人,但有时我们还是需要断开一种连接,来建立另一种连接。

***

关系幸福2（R2）
自爱是与他人建立健康关系的基础

当东方的禅修者开始与欧美科学家合作时，他们惊讶地得知，自我憎恨在西方是一种普遍的现象。自爱的缺失——低自尊的普遍存在——在一定程度上是因为人们将爱自己与爱他人割裂开来。毕竟，如果爱自己（自私或利己的爱）需要牺牲对他人的爱（无私或利他的爱），那么，一个有良知的人可能会选择放弃对自己的爱，否则他会感到很内疚。

这种矛盾在西方根深蒂固，而在禅修思想中根本不存在。"tsewa"一词指的是"平等地同情和关爱自己与他人"。用禅修者的话来说："tsewa，或同理心，在东方传统认知中，是一种心态或生活方式，它将你与自己的连接延伸至他人。"禅修者对同理心的理解不仅没有否定自爱，还将其提升为爱的主要形式，将其作为爱他人的先决条件："首先要对自己有同理心，然后，这种感情将会以更高级的形式拓展到他人。从某种程度上来说，高水平的同理心只不过是利己的一种高级表现形式而已。这也解释了为什么那些有强烈自我仇恨感的人很难对他人产生真正的同情。没有自爱这个锚点，我们也就无从爱他人。"禅修者本质上是在表述：以自爱为起点，不仅会使个体更幸福，还会使人际关系更和谐，进而带来一个更幸福的社会。

在生理层面上，照顾自己与照顾他人之间的联系更为显而易见。如果一个母亲要抚育她的孩子，她首先要照料好自己。每次乘坐飞机时，我们都会被提醒：在紧急情况下，必须先给自己戴上氧气面罩，再给别人戴上。这是因为如果我们不能照顾好自己，不仅会伤害到自己，也会无法照顾好他人。人际关系亦是如此：爱自己是爱他人的先决条件。正如埃莉诺·罗斯福所说："与自己成为朋友至关重要，否则，你将无法与世界上的任何人成为朋友。"

每当我们自我滋养的时候，我们给予和接受的能力就会增强，与他人的关系必定也会由此得以增进。古往今来，许多西方思想家一直将自私／利己主义与无私／利他主义对立起来，而"全然为人"取向却认识到，人与人之间是相互依存的，并呼吁我们将自我和他人融合起来。

***

情绪幸福1（E1）
所有情绪都是合理的、可接受的，是人类存在的一部分

对大多数人来说，情绪对幸福的重要性是显而易见的，这是因为我们经常根据自己的情绪状态来评估自己的幸福程度。与"幸福等同于愉悦情绪"的观点相比，"全然为人"取向主张的是一种更深刻、更普适的幸福观，但不可否认，情绪的确是"全然为人"的一个核心支柱。

毋庸置疑，专注于培养愉悦情绪，如快乐、喜悦、爱、灵动、宁静、感恩等，对幸福至关重要。与此同时，欣赏和拥抱痛苦的情绪，如愤怒、悲伤、焦虑、嫉妒等，也同样重要。然而，并不是所有的情绪都会被平等对待，比如说，痛苦情绪经常会被区别看待。很多人将痛苦情绪称为负面情绪，这表明，人们普遍认为痛苦情绪是有害的。

阻碍人们更幸福的主要原因之一是：我们认为生活中，可以且应该，没有痛苦情绪。当我们将痛苦情绪视为消极情绪，竭力去回避和拒绝时，我们会为之付出高昂的代价。首先，回避或远离具有挑战性的情绪体验，不利于我们学习、成长及获取成功。虽然痛苦情绪，顾名思义，是令人不悦的，但多数人在回顾自己的生活时都会承认，在人生道路上经历一些挫折也是一件幸事。

其次，拒绝痛苦情绪，最终反而会让我们经历更多不必要、不值得的痛苦。这种悖论——对痛苦情绪的拒绝会导致痛苦情绪的升级——之所以会发生，是因为情绪需要一个出口，需要以某种方式表达出来，而不能长时间地被控制或压抑。当我们拒绝痛苦情绪时，它们会停留很久。相反，当我们释放和体验痛苦情绪时，比如说与他人倾诉或写下来，哭泣或用心去观察——它们停留的时间便会相对短暂一些。

拒绝痛苦情绪的另一个结果是，我们由此放弃了体验愉悦情绪的可能性。我们所有的感受都沿着同一条情绪管道流动，因此，当我们阻止痛苦情绪时，也就间接地阻断了愉悦情绪。用果尔达·梅厄的话来说："不懂得伤心痛哭的人，不会懂得衷心的笑。"更通俗地来说，当我们向不幸敞开心扉时，也就迎来了幸福。

痛苦情绪和愉悦情绪一样，是人类体验不可避免的一部分，因此，拒绝痛苦情绪，最终等于拒绝了我们作为人类的一部分。想要过上充实美满的生活——实现"全然为人"的潜能——就要允许自己成为一个有血有肉、有笑有泪的普通人。

***

情绪幸福2（E2）
情绪，既是思想和行为的产物，又影响着思想和行为

情绪幸福的第二条准则是"全然为人"的第二条准则（W2）——世间万物相互关联——的体现。我们的情绪、思想和行为从属于同一个系统，彼此之间相互影响。系统性思维的一个主要观点是：一旦我们了解到系统中不同元素之间的相互关联性，就可以确定改变自我的杠杆。彼得·圣吉曾写道："系统性思维的核心是杠杆作用，即知道从结构的何处开始行动和改变，才可以带来显著而持久的改进。"情绪幸福的第二条准则认为，我们的思想和行为都是生活中能改变情绪的重要支点。而情绪，作为同一系统的一部分，也是改变我们思想和行为的支点。

我们可以通过改变思维方式来改变自己的感受。认知疗法的创始人之一戴维·伯恩斯写道："你的情绪跟随着你的想法，就像小鸭跟着妈妈。"某种痛苦情绪是否会发展成疾病，其中一个主要的决定因素是我们如何去看待它——将其视为暂时的、稍纵即逝的，还是永久的、持续的。悲伤和抑郁是不同的，抑郁是一种没有希望的悲伤。

我们也可以用行为这个支点来提升情绪幸福。允许自己成为一个普通人，尊重自己的感受固然很重要，但有时，我们可以通过一些行为来摆脱情绪的困境。例如，当我们表现得很勇敢时，内心也会变得更勇敢；当我们表达喜悦之情时，内心也会更喜悦。正如一行禅师所言："有时候，你的喜悦是你微笑的来源，而有时候你的微笑也可以成为你喜悦的源泉。"

以分析性思维看待情绪状态会导致悲观，而以系统性思维看待情绪状态则会激发乐观。若我们将情绪看作静态的、独立的，而非动态的、相互依赖的，我们就会忽视支点，无法对其加以利用。如果我们看不到其中的联系，也就无法看到情绪产生的原因以及情绪的出口。相反，通过识别联系和支点，系统性思维指出了情绪的动态本质，并由此发现了改变情绪的可能性。因此，当我们感到悲伤、忧虑或愤怒时，可以先从自己的思想和行为中找到潜在的原因，然后做出必要的改变。

***

"全然为人"的十二条准则相互关联，每条准则都有助于整体的发展，同时也会受到整体的影响。"全然为人"意味着部分之间是相互依赖、合作共存的，而非独立存在、恶性竞争的。

这种取向既不是微不足道的，也不是不言自明的。那些影响深远的神学和哲学流派——塑造了个体和社会的许多理论学说——公开倡导将整体拆解成各个部分，并将它们对立起来。例如，有些观点认为肉体是肮脏和可鄙的，而另一些则将精神视为有害的幻想；有些观点忽视了心智，而另一些则认为情绪是有害的。于是，有人呼吁，各个要素之间要有明确的优先级关系。例如，大卫·休谟认为"理性是，且只应当是激情的奴隶"，而柏拉图对此则持相反的观点。

"全然为人"取向呼吁我们，不仅要在构成人类的不同要素之间，还要在学科内部和学科之间，建立起和谐的关系。一场优美的交响乐汇集了各种音符与和弦、乐器与演奏者，每个部分都为整体的和谐做出了贡献，并因此不可或缺。美好的生活亦是如此，我们的精神、身体、心智、关系和情绪是可以共存的。它们之间是平等的，而非主人和奴隶的关系；它们相互尊重、彼此敬畏、和谐共处。

第五章
幸福学矩阵

学无止境。

——玛雅·安吉罗

在上一章中,我提出的十二条准则可以为幸福学提供结构设计。而我选择用建筑打比方来说明这些准则的作用,也是有目的的:我想为幸福学的跨学科领域创建一个家。

然而,要把建筑变成家,光有结构是不够的。结构里还需要有内容,如家具、书籍、电器、艺术品以及最为重要的——人。文本、艺术作品、人(如思想家和实践者),正是幸福学所包含的内容。在了解了幸福学的结构和内容后,我们就可以更好地设想其他方面的结构和内容,如大学课程、相关证书、学位,甚至是一个完全致力于研究幸福学的学派。

基于"幸福就是全然为人"这一认识,我对幸福学领域的结构提出了设想,并用十二条准则对这个结构进行了界定。针对这十二条准则中的每一条,现有的各个学科都有着丰富的观点,而通过借鉴这些观点,我们可以用内容去充填结构。事实上,从经济学到心理学,从哲学到神学,从艺术到文学,从历史到社会学,从物理学到生物学……许多学科都有助于我们理解这十二条准则。

将结构与内容相结合,幸福学会呈现出一个矩阵——横向为十二条准则,纵向为各门学科,准则和学科之间的每一个交叉点都包含着大量内容,并以文本或艺术作品、思想和实践的形式呈现,如不同领域的著作、不同时代的艺术品、从好莱坞到宝莱坞的各种电影。纵向的各门学科包括心理学、经济学、哲学、生物学、历史、艺术、神学、文学、社会学、人类学等。该矩阵融合了人文与科学、东西方文化、古代智慧与现代研究,来帮助我们更好地理解、追求和获得幸福。

矩阵中的相关内容丰富多样,这也解释了为什么采用跨学科的方式来研究幸福会如此具有吸引力。每个人,无论其文化或个人品位如何,都能找到与其相关的内容并贡献自己的想法。接下来,我将从这十二条准则中各举一个例子加以阐述，以帮助大家了解幸福学研究领域潜在的广度和深度。

- 电影《浮生若梦》（1938）曾获得奥斯卡最佳影片奖，在影片中，两种世界观形成了鲜明的对比：第一种以一位强势而无情的银行家为代表，把金钱和权力奉为人生的最高目标；第二种则以一个谦逊善良的家庭为代表，将幸福置于目标层次的最高点。这部电影有力地说明了"全然为人"的第一条准则（W1）：生活的目标是，且应该是，全人幸福。
- 1962年，蕾切尔·卡森的《寂静的春天》一书问世，引发了如今为人熟知的环保运动。卡森在书中讨论了事物之间的相互关联性，并令人信服地揭露了：杀虫剂的使用及二氧化碳的排放正危害着整个生态系统，也因此会危及我们整个星球的未来。她的书属于生物学领域，为"全然为人"的第二条准则（W2）——世间万物相互关联——提供了一个令人信服的理由。
- 兰斯顿·休斯在他的短诗《哈莱姆》中问道："迟迟未圆的梦，将去往何方？它是否会干枯，似那烈日下的葡萄？"那么，一个目标或使命被我们拒绝或忽视了，又会怎样呢？这首诗正好落在文学与精神幸福的第一条准则（S1——精神幸福源于有意义的生活）的交叉点上。休斯认为，要想获取精神幸福，光有梦想是不够的，我们还需要去实现梦想。

- 在《沉思课》一书中，英语教授兼心灵导师艾内斯·艾斯华伦提供了一个改变计划。该计划由八部分组成，其中，第一部分是该计划的基础，包括从世界上伟大的宗教经典作品中找出一个篇章，进行反复默读。尽管艾斯华伦推荐了一份阅读清单，包括《诗篇》第23篇和《圣弗朗西斯的祷告》，但他更鼓励我们选择一本与自己密切相关、对自己有意义的书籍。艾斯华伦希望我们用心阅读神学经文，以享有精神上的非凡体验，这体现了精神幸福的第二条准则（S2）：正念——化平凡为非凡。
- 奥古斯特·罗丹的青铜雕塑《思想者》完美地呈现了心灵和身体之间的连接：一个男子沉思着——生活在精神的世界中——但与物质世界（身体）不可分离。他弯曲着身体和一只手，每一寸身体都好像在昭示，他将迸发

出无穷的潜在能量。他在物质世界中展现着他的思想。这座雕塑有力地诠释了身体幸福的第一条准则（P1）：身心相连。（见图4）

图4　奥古斯特·罗丹，《思想者》，1904年，青铜，底特律美术馆，贺拉斯·H.拉克哈姆捐赠，22.143（图源：Danita Delimont/Alamy Stock Photo）

- 由于生活方式的不同，世界上某些地区的人会更长寿。从日本的冲绳岛到美国加利福尼亚州的洛马林达小镇，丹·比特纳对这些地区进行了考察，并据此写下了《蓝色地带》一书。他在书中指出，这些地区的居民更有可能在90岁之后保持完好的身体机能。虽然这本书可以和矩阵中的多个学科联系起来，但我选择了历史，因为《蓝色地带》描绘的是在现代化的不断侵蚀下幸存的生活方式和习惯。丹·比特纳的书揭示了身体幸福的第二条准则（P2）：拥有健康的生活需要遵循我们的天性。

- 《论语》凝聚了2500多年前中国哲学家孔子的思想，对我们理解心智幸福做出了重要贡献。孔子强调了好奇心、经验开放性、终身学习、不断探索的重要性，这正体现了心智幸福的第一条准则（I1）——保持好奇和开放，就可以充分利用生活所赋予的一切。
- 玛丽亚·蒙台梭利"彻底革新了世界上的教育体系"。在《有吸收力的心灵》一书中，她阐释了其教育方法的一个核心思想：要培养孩子专注于某项活动的能力。当孩子们处于这种全身心投入的状态时，他们的心智能力和精力会得到提升，进而有助于他们充分发挥自己的心智潜能。换言之，他们既能享受到巅峰体验，也会有出色的表现，做到既快乐又好学。蒙台梭利的课堂有力地阐明了心智幸福的第二条准则（I2）：深度学习——充分发挥人类作为理性动物的潜能。

- 19世纪60年代，约翰·斯图尔特·穆勒与爱妻哈里特·泰勒·穆勒合作撰写了《妇女的屈从地位》一书，描述了平等关系中存在的幸福潜能——这在19世纪是一种少见且难以被接受的想法。这本书引发了一场人们对关系期望的革命，揭示了从爱情中获取幸福的可能性，成为20世纪女权主义运动的核心支柱之一。爱情哲学家穆勒很好地阐释了关系幸福的第一条准则（R1）：要想生活充实美满，人际关系至关重要。

- 卡伦·霍妮出生于1885年，是德国的一位精神分析学家。她曾师从西格蒙德·弗洛伊德，最终却与其分道扬镳，这是因为在她看来，弗洛伊德过于关注人性的黑暗面。霍妮在神经症方面所做的工作颇具开创性，她的思想仍影响着当今神经症治疗的研究和实践。霍妮强调，无论是对于个人发展，还是对于与他人建立更亲密的关系，内省都非常重要。她在《自我分析》一书中提到，通过提高自我觉知，我们可以帮助自己摆脱大多数的心理痛苦，这正体现了心理学和关系幸福的第二条准则（R2——自爱是与他人建立健康关系的基础）的结合。

- 在《快乐与悲伤》(*On Joy and Sorrow*)中，黎巴嫩诗人纪伯伦阐述了文学如何帮助我们理解情绪幸福。1923年发表的《快乐与悲伤》突出强调，要允许自己成为一个普通人，接纳自己所有的情绪，这样才能过上充实美满的生活。纪伯伦写道："悲哀的创痕在你身上刻得越深，你越能容受更多的欢乐。"他诗意地再现了情绪幸福的第一条准则（E1）：所有情绪都是合理的、可接受的，是人类存在的一部分。

- 21世纪初，经济学家、英国议会议员理查德·莱亚德勋爵撰写了《蓬勃发展——心理健康护理如何改变生活、节省金钱》(*Thrive: How Better Mental Health Care Transforms Lives and Saves Money*)。莱亚德认为，政府在制定政策时，可以借鉴认知行为疗法中一些方便易学的技巧，来改善人们的情绪幸福。莱亚德指出了投资心理健康的重要性，认为幸福是有回报的，并为情绪幸福的第二条准则（E2）——情绪，既是思想和行为的产物，又影响着思想和行为——提供了宏观经济学方面的论证。

***

我在本章开头提到，通过结构和内容的形式，幸福学矩阵可以为幸福学课程、相关学位甚至是整个学派提供蓝图。然而，不仅仅是矩阵这一整体有助于构建蓝图，矩阵的各部分也能独立发挥作用。

矩阵中的每一行可以为一门完整课程提供结构和内容，例如，"幸福生物学"可以是幸福学或生物学学位课程的一部分，也可以是一门独立的选修课。同样，就"电影"这一行而言，教师可以开设一个学期或一年的"电影与幸福"课程，作为幸福学或电影学位课程的一部分，或作为一门独立的课程。

矩阵的每一列也可以为课程的设立提供蓝图。精神幸福的第一条准则所在的那一列，可以为"目标与幸福"这门跨学科课程提供主干，该课程可以从心理学、哲学、艺术等多学科的视角去探索意义。精神幸福的第二条准则所在的那一列，则可以为"正念与幸福"这门跨学科课程提供蓝图，该课程可以包括冥想的理论和实践。把 S1 和 S2 两列结合在一起，便可以形成一门关于"精神与幸福"的课程。类似这样的可能性还有很多。

当然，随着研究的深入，幸福学领域将不断发展，矩阵的内容和结构可能会随着时间的推移而发生变化。不管是新的研究进展，还是对旧资料的再解读，都可能会为追求幸福提供新的线索，并对我提出的准则发起挑战，或是增加其他同样重要的准则。我希望，随着幸福学领域的发展，更多的人能参与到讨论中来或提出疑问，从而能更好地去描述这个领域，找到解决问题的方案。我的方案不可避免地会受到当前认知水平的限制。正如国家宪法需要通过不断修正才得以完善，我提出的准则亦是如此。因此，我在这里介绍的结构和内容旨在抛砖引玉，而非提供一个终极真理。

创建幸福学矩阵不是为了建立一个教条式的结构以应对任何挑战，而是提供一个灵活的框架，推动人们去探索这一充满活力且令人兴奋的领域。正如玛雅·安吉罗所指出的，"学无止境"。只有我们本着这种谦逊的心态，幸福学才能实现其最终目标，让所有人受益——帮助个人、家庭、组织和社会过上更健康、更幸福、更充实的生活。

HAPPINESS STUDIES An Introduction

第二部分
如何应用幸福学

第六章
幸福与职场成功

在职场中,快乐的员工有着更高水平的工作投入度、工作自主性及工作满意度,在工作中也会有更出色的表现。

——朱莉娅·贝姆、索尼娅·柳博米尔斯基

公司为什么要关心员工的幸福呢?管理者为什么要为他们自己和员工的"全然为人"投资呢?我认为,主要有以下两个原因。首先,和大多数人一样,我秉持着这样一个观点:如果我们能为他人的幸福做出贡献,那就应该这样去做。而一家公司除了能为员工发放薪水,如果还能提供终极财富,那又何乐而不为呢?其次,幸福是一项很好的投资。很多研究表明,提高员工的幸福感有助于提升公司的业绩。由此可见,投资幸福是有回报的!

越深入理解成功与幸福之间的关系,我们便能越充分地体会到,对员工的幸福进行投资将会带来物质收益。然而,成功与幸福的关系往往却遭到误解。大多数人认为，成功会带来幸福，即做得好也会过得好。

成功（原因）→幸福（结果）

大量研究表明，这个模型是错误的——无论取得多大的成功，都不会带来长期的幸福。例如，哈佛大学心理学家丹尼尔·吉尔伯特以助理教授群体为样本，进行了一项研究。这些助理教授正在接受终身教职评估。终身教职是在大学里获得终身职位的保证。对大多数大学老师来说，评上终身教授是人生的一个主要目标，是成功的标志。除了名誉和金钱，终身教职还意味着一场高压竞争的终结，即他们再也不需要承受发表论文的压力了。总的来说，他们可以自由地去放松，去做自己喜欢做的事了。相反，没有获得终身教职则很可能意味着：要么继续进行紧张的竞争，要么完全放弃自己的学术梦想。

吉尔伯特首先评估了教授们当前的幸福水平，然后问他们一旦得知最终决定，他们认为自己会有多幸福或不幸福。

不出所料，他们中的大多数人表示，如果获得终身教职，他们会非常高兴，如果没有，则会感到非常沮丧。吉尔伯特接着问他们这种幸福或不幸福会持续多久。鉴于终身教职的重要性，大多数教授预测，积极或消极的情绪会持续很长时间。

然而，事实并非如此。和预期相符的是，那些获得终身教职的人一开始确实欣喜若狂；而和预期不符的是，他们只是体验到了短暂的快乐高峰。几个月后，他们便又回到了原点——和获得终身教职前一样幸福或者不幸福。同样，那些没有获得终身教职的人最初确实非常沮丧，但他们因失望而感到的不幸福也很短暂。在得知坏消息后不久，他们的幸福水平就恢复如常了。

其他研究也表明，即使是彩票中奖，也只会带来短暂的快乐高峰。来自斯德哥尔摩大学和纽约大学的学者对3330名彩票中奖者进行了研究，结果发现，虽然几乎所有人在中奖时欣喜若狂，但从长期来看，他们的幸福感或总体心理健康水平并没有得到显著的改善。在收到奖金后不久，中奖者的幸福感就回到了中奖前的水平。

大量研究及多数人的个人经历都清楚地表明,成功并不会带来幸福,也就是说,我们许多人所认同的模型是错误的。然而,有明确的证据表明,这两个变量之间存在相反的关系:幸福水平的提升会增加成功的可能性。

成功(结果)←幸福(原因)

在总结了近几十年来有关工作幸福感的研究后,心理学教授朱莉娅·贝姆和索尼娅·柳博米尔斯基指出:"大量证据能够有力地支持幸福感在职场成功中的作用。"快乐的人有更多的工作产出,能更好地完成分配的任务,也是更高效的合作者和领导者,并且更愿意承担规定角色之外的任务。这些重要的发现扭转了因果关系,纠正了普遍存在的错误观念。因此,成功不太可能带来更多的幸福,但幸福却可能会带来更多的成功。

下面,我将运用 SPIRE 模型,对"幸福会带来成功"这个发现进行分解。具体来说,针对 SPIRE 模型每个要素的其中一条准则,我都将给出一个例子,来说明幸福与职场成功之间的关系。而在下一章中，我将重点关注学校中的幸福感，并对 SPIRE 模型每个要素的另一条准则进行举例，以此说明幸福对学生表现的促进作用。

***

精神幸福1（S1）
精神幸福源于有意义的生活

精神幸福的第一条准则与职场尤为相关，这是因为当员工认为自己的工作有目的、有意义时，他们会更幸福、更健康、更高效、更具创造力。

在一项具有重大意义的职场研究中，心理学家艾米·沃兹涅夫斯基和简·达顿观察并调查了一群医院清洁工。虽然他们的工作内容基本相同，即扫地、换床单和打扫厕所，但他们对工作的看法却截然不同。第一类清洁工把工作视为差事，仅仅是为了谋生，并觉得工作枯燥乏味，毫无意义。第二类清洁工将自己的工作视为职业，主要关注晋升或加薪。而面对同样的工作，第三类清洁工则将其视为一种使命，并能在日常的工作中体验到意义和目标感。他们并不认为自己的作用仅仅是扫地、换床单和打扫厕所，而是认为自己为医生和护士的工作提供了便利，并为患者及其家人的健康舒适做出了贡献。毫无疑问，第三类清洁工总体来说在工作中更快乐，也因此比其他两类清洁工有更好的表现。

在医生、护士、理发师、工程师和餐厅员工中，研究人员发现了类似的模式。在各行各业中，与将自己所做的事视为使命的同事相比，那些把自己的工作视为差事或职业的人，成就感就没有那么高了。沃兹涅夫斯基和达顿强调了"选择"在员工体验中的作用："即使在最受限、最常规的工作中，员工也可以赋予自己的工作本质一定的意义。"

研究表明，"工作重塑"练习——员工和雇主共同设计有意义和有目标的工作——可以提升绩效，加强员工和组织之间的联系，并给员工带来更多的满足感和幸福感。

练习的第一步是改变员工对自己工作的看法。例如，让员工就其工作进行"使命感描述"。与寻常的突出技术方面的工作描述不同,"使命感描述"要求员工突出描述工作在其精神层面所能提供的意义感和目标感。其中,非常重要的一个步骤就是问员工以下问题:你工作的哪些方面对客户、同事甚至是这个世界产生了积极影响?你的工作是否或多或少地改变了他人?

练习的第二步是改变员工在工作中的实际行为。你有可能把更多的时间花在有意义的活动上吗?你有可能去做对你个人而言有意义的事吗?要想改善整体的工作体验,你不需要做出多大的改变:只需持续做出一些小小的改变,你就可以获得意想不到的效果。

*＊＊

身体幸福2(P2)
拥有健康的生活需要遵循我们的天性

目标感是人类的一种需求,然而在职场中却经常被忽视。其他一些更基本的人类需求也常被忽视，尤其是在竞争激烈、要求严苛的工作场所中。如果管理者和员工能够运用好身体幸福的第二条准则，认识到自己作为有机体，既需要食物和休息来补充能量，也需要锻炼来增强体魄，那么他们将会受益匪浅。

员工的工作投入度是预测企业成功的最重要因素之一。盖洛普进行的一项研究表明，员工投入度最高的公司比其他公司多盈利21%。与此同时，令人震惊的是，全球高达85%的员工在工作中不够投入——他们缺乏动力，也不太可能为组织的目标去奋斗。

人力资源咨询公司韬睿惠悦也发现了类似的结果：他们调查了9万名员工，其中80%的人表示自己没有完全投入到工作中。此外，与盖洛普一样，韬睿惠悦的研究人员也发现，工作投入度与公司业绩之间存在着很强的相关性：在员工工作投入度高的公司，营业收入平均增长了近20%，而在员工工作投入度低的公司，营业收入则下降了超过30%。盖洛普在美国职场报告中称，员工离职每年给美国造成约5000亿美元的损失。

有证据表明，当今员工工作投入度低的原因之一是，大多数员工忽视了自己的自然需求，如休息和恢复、健康饮食、锻炼。就休息和恢复而言，如今，太多员工没有充分的休息时间——有时候是他们主动选择不休息，但更多的时候是不得已而为之。过去，当人们内急时或太阳落山时，抑或是任何时候，只要疲乏感来袭，人们都会进行休息。而如今，有了电灯，我们经常彻夜工作，有了能量饮料，我们常常无限期地推迟休息时间。无休止地工作在短期内或许可行，但从长远来看，会使我们的压力越来越大，健康水平和工作投入度越来越低。我们会为此付出高昂的代价。

无论是深呼吸、放松地吃顿午餐还是睡个好觉，休息不仅有利于我们的身心健康，还能提升我们的能量水平和专注力。休息对个体和组织来说都是一项很好的投资。例如，兰德公司估计，睡眠不足每年给美国造成4110亿美元的损失，约占其国内生产总值（GDP）的2.28%。

无论是摄入食物的质还是量，对人们的工作效率都有很大影响。暴饮暴食会导致能量水平下降，让人们更容易生病；摄入深加工和高糖食物会导致暂时的能量过剩，随后，会不可避免地出现能量下降。许多员工因摄入的食物种类和数量不合适而感到无精打采，这在一定程度上解释了为什么大多数人在很多时候无法投入到工作中去。

体育锻炼对工作投入度的影响与饮食相似。哈佛医学院精神病学家约翰·瑞迪将体育锻炼称为"大脑的奇迹"，并描述了体育锻炼如何"优化心态，从而提升人们的警觉性、注意力和积极性"。除了体育锻炼，单纯的身体活动也很重要。每天坐在办公桌前好几个小时，不仅会影响我们的工作表现，还会缩短我们的寿命。越来越多的医生认为"久坐是一种新型吸烟"。

休息、饮食、活动，这些人类的基本需求经常被忽视，员工和雇主为此付出了巨大代价。正如盖洛普研究人员吉姆·哈特所说："人们在工作中投入的是整个身心，而非一具躯壳。"能意识到这一点的公司明显更成功，其员工也更幸福。

***

心智幸福1（I1）
保持好奇和开放，就可以充分利用生活所赋予的一切

对个人和组织来说，要想在当今竞争激烈的市场中蓬勃发展，好奇心和开放性不可或缺，因为它们是创造力和创新性的基石。在过去，只要有少数好奇、开放的高层领导者，就足以推动整个组织的发展。而如今，随着机器接管了机械简单的、流水线式的工作，仅凭这些少数人已远远不够了。创造力、创新、学习和成长不再是行业精英才能拥有的奢侈品，而是企业内各级人员的必需品。

企业如何激发员工的好奇心和开放性呢？首要的一点是，确保员工有心理安全感。哈佛大学教授艾米·埃德蒙森对心理安全感进行了研究，并指出心理安全感是"团队成员相信自己不会因为发声、寻求帮助或失败而感到尴尬或受到惩罚"。当领导者创造了一个令人有心理安全感的环境时，团队成员就会公开讨论错误并从中吸取教训，而员工因此得到的成长也会让公司得以发展。相反，缺乏心理安全感会让人失去好奇心，畏首畏尾。团队成员更有可能出于恐惧和羞耻而隐藏自己的错误，这就意味着他们不太可能从错误中吸取经验，因此，反复犯错的概率也会高出很多，最终导致员工个人和整个企业都付出代价。

在快速变化、要求严苛的职场环境中，如果企业不培养员工的心智幸福、不为员工的好奇心和开放性创造条件，就会损害员工自身成长和发展的潜力，进而危及整个企业的未来前景。谷歌曾对公司里的各个团队进行评估，以寻找团队成功的"必杀技"，结果发现，心理安全感能将表现最好的团队与最差的团队区分开来。

为了培养团队的心理安全感，首先，管理者必须以身作则。当管理者承认自己的缺陷和不足，坦率地表达自己的感受或承认自己的错误时，他们就是在鼓励员工也这样做。此外，管理者还可以通过提问的方式来激发员工的开放性和好奇心。

我们经常发现，在令人有心理安全感的环境中，管理者会主动、真诚地邀请别人对自己的表现做出反馈。当他们收到反馈时，会公开感谢反馈者，然后果断地根据反馈采取行动。有了这样的管理者，员工才有可能得以成长，团队和企业才会蓬勃发展。

***

关系幸福2（R2）
自爱是与他人建立健康关系的基础

沃顿商学院教授亚当·格兰特指出，与自己和他人建立健康的关系也有助于获得职场幸福。他将员工分为三个类别：给予者、索取者和衡量者。给予者慷慨、善良，愿意分享信息，并竭尽全力帮助他人。索取者则恰恰相反，他们尽其所能地向他人索取，利用他人，吝啬自己的时间和建议，严密保护自己的资源。而衡量者总是在衡量自己的付出和回报，以确保付出绝不会超出回报。

事实证明，企业受益于给予者，即那些慷慨投入时间和技能的员工。员工的高付出可以预测客户满意度和组织的生产力、效率及盈利状况。很显然，给予者对于团队的成功而言是不可或缺的。但对给予者个人来说呢？他们能否像企业一样从中受益呢？对此，结果就没有那么明确了。

在研究最成功和最不成功的员工时，一个有趣的现象出现了。在企业最不成功、最不高效的人中，给予者所占的比例要远高于衡量者和索取者。团体的成功似乎是以牺牲他们自己为代价的。研究还发现，在企业最高效、最成功的人中，给予者的占比也是最高的。也就是说，给予者可能是最成功的，也可能是最不成功的。正如格兰特在《哈佛商业评论》的文章中所述："一些员工会因为慷慨而跌至谷底，而另一些员工则会因为慷慨而登上顶峰。"

如何区分顶部的给予者和底部的给予者呢？虽然所有给予者都具有慷慨和善良的品质，但最不成功的给予者会允许别人（尤其是索取者）利用自己。他们不会说"不"，也不会对何时及如何提供帮助进行设限——用格兰特的话来说，他们变成了不顾自身利益的门垫。而成功的给予者在为他人付出的同时也会照顾好自己，在帮助他人的同时也不会忽视自己的需求。当自我关爱与关爱他人得到兼顾时，个人与企业的成功就会相得益彰。

***

情绪幸福1（E1）
所有情绪都是合理的、可接受的，是人类存在的一部分

企业绩效不佳往往可以追溯到员工需求与企业需求的脱节。在一家公司，如果员工没有充分展现人性的自由，如适当地处理和表达情绪，那么，这家公司的发展就会受到影响。在人性化的企业中，终极财富（幸福）和硬通货（金钱）都很重要，管理者会关心员工快乐和痛苦的情绪，就像关心他们的收益和损失一样。

心理学家理查德·温斯拉夫和丹尼尔·韦格纳的研究表明，压抑情绪会对工作表现、团队合作和身体健康产生负面影响。当我们拒绝愤怒、嫉妒、焦虑等痛苦情绪时，它们只会愈演愈烈，并逐渐变成主导情绪。如果管理者能将自己和员工的所有情绪合理化，团队的整体情绪幸福水平就会得以

提升——焦虑、愤怒、嫉妒和悲伤会减少，欢乐、激动、平静和满足则会增多。

作为亚利桑那州立大学雷鸟管理学院的一名全球领导力教授，克里斯蒂娜·皮尔逊在其职业生涯的大部分时间里都在研究职场痛苦情绪。她写道："我与同事们的研究表明，忽视负面情绪会造成心理脱离、生产力及工作效率下降，从而让企业蒙受巨大的损失。"而管理者若能倾听自己和员工的各种感受，并使其合理化——而不是代入个人的情感色彩——就能帮助人们处理负面情绪，解决问题，从而重新投入工作。

与此同时，领导者也需要培养愉悦情绪。心理学家芭芭拉·弗雷德里克森指出，愉悦情绪会引发"拓展和建构"现象，帮助人们跳出思维框架进行创造性思考，并发展良好的人际关系和技能。而在当今职场，这些对于个人和企业的成功至关重要。

想要培养愉悦情绪，一种极其有效的方式是表达感激和欣赏——无论是对工作、同事还是自己。"appreciate"这个词有两种含义——"表达感激"和"价值提升"。这两种含义密切相关：当你对一件好事心存感激时，这件事就会变得更好。

著名的情绪研究学者约翰·戈特曼写道："在过去十年左右的时间里，大量科学研究发现，情绪在我们生活中起到重要的作用。研究人员还发现，在各行各业中，个体的情绪觉知和情绪处理能力要比智商更能决定他的成功和幸福。"

***

在这个日新月异的世界中，"全然为人"对个人和企业的发展至关重要。2001年，行为心理学家吉姆·洛尔和记者托尼·施瓦茨在《哈佛商业评论》上写道：

> 在瞬息万变的企业环境中，维持高水平的表现比以往任何时候都要困难，但也比以往任何时候都更为必要。目光短浅的干预已经不够了——企业不能只关注员工的认知能力而忽视他们的身体、情绪和精神幸福……人们只有在身体、心智、情绪和精神上都感到强大而坚

韧时，才会更有激情、更持久地维持高水平的表现，从而在职场中胜出，同时，他们的家人和所在的企业也会从中受益。

洛尔和施瓦茨指出，关注 SPIRE 模型的所有五个要素对员工及其家庭和企业都具有重大的价值。真正关心员工"全然为人"的管理者会创造一个双赢的局面，带领个人、团队和企业走上义利并举的道路。

第七章
幸福与学校教育

检验教育方法是否正确的一种方式就是看孩子们是否幸福。

——玛丽亚·蒙台梭利

马丁·塞利格曼教授是积极心理学的创始人,他在进行教育演讲时会问家长这样一个问题:"你最希望你的孩子拥有什么?"得到的答案通常包括幸福、有意义的生活、韧性、信心、良好的人际关系和健康等等。

塞利格曼接着问家长们第二个问题:"孩子们在学校里学什么?"得到的答案则通常包括阅读、写作、算术、历史、生物等等。对这两个问题的回答,分歧远大于趋同,即学校的教学内容与家长对孩子的期望之间,似乎没有什么重叠之处。

我们当然希望孩子们博学多才,因此,第二个问题的答案确实非常重要，然而，学校为什么几乎完全忽略了第一个问题的答案呢？对此，将责任全部推卸给学校是失之偏颇的，许多父母也应当承担起很大的责任。虽然他们明确表示，希望自己的孩子幸福，但与此同时，他们也认为：对学校而言，最重要的是不计代价地提高学生的成绩，这样他们的孩子才能进入好大学，获得体面的工作，最终挣很多钱。归根结底，人们过于关注第二个问题，而忽略了第一个问题，即在衡量成功时，将成绩置于人生的终极财富之上。这是一个系统性缺陷，而不是其中任何一方的过错。

这种系统性缺陷把幸福从目标等级的最高位置上拉下来，让学生和社会付出了高昂的代价。很多国家的学生能在国际标准化测试中获得最高分，但与此同时，这些国家青少年的自杀率也是最高的。例如，在韩国，有四分之三的学生参加了专门针对标准化考试的"补习班"，并通常能在国际学生评估项目（PISA）中获得最高分。然而，韩国也是世界上10至19岁青少年自杀率最高的国家。同样，2019年春天，在印度特仑甘纳邦中级教育委员会公布统考成绩后，22名学生自杀身亡。这一消息引发了公众热议：学生为什么会自杀？是因为考试评分系统出现了故障，还是因为成绩不好而万念俱灰？但这样的争论完全没有抓住重点。不管出于什么原因，学习的确让学生们痛苦不堪。在 25 名企图自杀的学生中，只有 3 人通过了所有考试。而在美国，10 至 14 岁青少年的自杀率在 2007 年至 2017 年几乎增长了两倍。鉴于学生们的大部分时间是在学校里度过的，因此，学生的绝望很可能与学校施加的压力有关。

对此，学校教育体系应该将 SPIRE 模型的相关要素，如意义、健康、好学、关系、情商等，恢复到目标层次中应有的位置，这样就可以在不放弃传统成功（取得高分）的同时，显著地改善学生的生活。换言之，学生在学校的成绩，虽不是目的本身，但可以成为正确关注幸福的副产品。毕竟，鉴于成功和幸福之间的关系，如果学校更多地关注第一个问题的答案，学生在第二个问题上就也会有更好的表现。《幸福与教育》一书的作者、斯坦福大学教育学教授内尔·诺丁斯曾简单明了地说："孩子们在幸福的时候学得最好。"与成年人一样，当孩子们心态积极时，他们更有可能投入到学习中，跳出条条框框进行创造性思考，并付出更多的努力。

50年前，学校教育体系忽视了幸福及其SPIRE要素，这在一定程度上是可以原谅的。当时，我们没有用来提升幸福感或心理韧性的循证技术，也没有充足的有关健康和人际关系的科学知识。然而，今非昔比，我们已经知道如何去提升SPIRE的各要素，如帮助学生在生活中找到目标，教他们学会倾听，让他们了解有关营养和锻炼的知识，以及采取循证干预措施来培养他们的毅力和感恩之心。

然而，诺丁斯感叹道，在大多数情况下，"幸福和教育不会并存"。那么，我们如何才能在学校里实现这种并存呢？接下来，我将以教育为背景，就SPIRE模型的每个要素——上一章中没被讨论过的准则——进行举例说明。在上一章中，五条准则的应用与职场相关，毫无疑问，本章中讨论的五条准则的应用则与教育相关。

***

精神幸福2（S2）
正念——化平凡为非凡

哥伦比亚大学教授丽莎·米勒通过研究证明了灵性在幸福中的核心地位，从而颠覆了人们对灵性的理解。她指出："灵性是全人教育所缺失的那部分。"精神幸福的第二条准则表明，在学校里鼓励学生进行更多的正念练习，至少在某种程度上可以填补教育缺失的部分。

越来越多的校园研究表明，定期冥想可以改善学生的认知水平、学业成绩、身体健康及人际关系。只要每天花几分钟练习瑜伽，学生就能够更好地对自己的情绪和行为进行调节。冥想还可以减少身体暴力和言语暴力等负面行为，降低抑郁、焦虑等心理问题的发生率。因此，通过正念练习，学生和老师更有可能体验到精神幸福——从平凡中领悟非凡，在俗世间发现奇迹。

想要从正念中获得有意义的好处，我们无须对教育体系进行根本性变革。例如，我们可以用十分钟的瑜伽开启一天的学习，或在一天中的不同时间点插入一两分钟的正念呼吸，这样不仅不会对课堂学习造成干扰，反而会让学生在课堂上更加平静、专注和快乐。2015年，位于巴尔的摩市的罗伯特·W.科尔曼小学不再对犯错的孩子进行课后留校处罚，而是将他们送到"沉思屋"进行冥想、深呼吸或瑜伽练习。在接下来的三年里，学校的纪律处分事件急剧减少，没有一个学生因行为不端而被停课。正如佛陀所言："或许一个人能在战场上制胜千军，但只有战胜自己才是最伟大的胜利者。"

无论在学校还是其他任何地方，正念练习的形式既可以是正式的，也可以是非正式的。正式的练习包括找个安静的地方坐下，闭上眼睛，专注于自己的呼吸或反复默念某句话，如"此时此刻，我就在这里"。非正式的练习是指无论我们在做什么——阅读、写作、倾听或是行走——都要专注于当下。作为20世纪伟大的教育家，玛丽亚·蒙台梭利的工作本质上就是帮助孩子进入一种非正式的正念状态。她指出，作为教师，"我们的目的与其说是传授知识，不如说是挖掘和发展孩子们的精神力量"。而这种精神力量只有在孩子全神贯注时才会出现，并得以发展。

***

身体幸福1（P1）
身心相连

在第五章中，我介绍了幸福学矩阵，并以罗丹的《思想者》为例阐释了身体幸福的第一条准则（P1）——身心相连。在创作伊始，罗丹想把雕塑做成但丁披着简朴长袍的样子。那他为什么最终改变了主意，选择塑造一个肌肉发达的裸体人物，而不是一个思想深邃、穿着得体的哲学家呢？对这个决定，罗丹如此解释道："但丁瘦削禁欲的身子被罩在一件直筒长袍里，仿佛与世隔绝，这是毫无意义的。于是，在最初灵感的指引下，我又构思了一位思想家——一个裸体男子，坐在岩石上，拳头抵着下巴，沉浸在自己的思考里。丰沃的思想在他的大脑中慢慢酝酿。他不再是一个梦想家，他是一个创造者。"

"丰沃的思想"这个短语是有深意的。"丰沃"形容的是土壤，是种子生根的地方，种子从这里开启了实现之旅——破土而出，在外部世界实现自己的潜能。同样，思想就像一颗种子，可以在心灵之外、在外部世界中成长、发展并实现其潜能。是的，罗丹创作的思想者一开始是个梦想家，坐在岩石上沉思着。但这仅仅是一个开始，他从梦想家又变成了创造者。而创造者既有梦想又会付诸行动，既会思考又会实践，这充分展现了心灵和身体之间的连接。

显然，当今学校对身心相连的认识存在不足之处。尽管许多证据表明，体育活动能提升学生信息处理与检索的能力、专注力、应对技能，让学生拥有更积极的态度，但学校仍在削减体育项目。大量研究也表明，体育活动与平均绩点（GPA）呈正相关，然而，2018年，英国一家慈善机构——青年体育信托基金会在其报告中指出，为了让学生把更多的精力放在应试上，约38%的学校放弃了体育教育。根据美国疾病预防控制中心的数据，在6岁至17岁的孩子中，每周中高强度活动量达标的人数占比不到25%。这说明学生在学校里并没有充分使用自己的身体。来自美国家长教师协会的艾丽卡·卢就曾明确指出，"课间休息和体育活动应该被视为推进学生全面发展的机遇，而不是他们在学业上取得成功的障碍"。

锻炼所带来的好处是显而易见的，学校必须加以重视。此外，学校还可以将"思想者"作为"学生"的原型和榜样。在20世纪初，北美教育改革者约翰·杜威提出：通过实践而不是被动地接受信息，学生会学得更好。虽然这条教育原则经常会被人遗忘，但在倡导"全然为人"的学校里，学习应该以此为指导原则。像思想者一样，将思考与行动、想法与实践结合起来，学生将会受益匪浅。

杜威认为，儿童生性好奇、渴望探索，但在学校里，他们很少有机会展现自己的才能。史蒂夫·马里奥蒂是一位商人兼教师，是国家创业指导基金会（NFTE）的创始人。他发起了一个项目，让学生应用阅读、写作和算术来提出商业想法以及详细计划，并向团队展示他们的策略。无论是对学生在学校里的学业表现，还是对他们将来的职业成功，这个项目都起到了积极的作用。

杜威的"做中学"原则很容易被应用到各种学习情境中。例如，在学习莎士比亚的作品时，学生可以创作戏剧并将其表演出来，这比通过被动阅读来领会文字的含义更有助于他们进行理解和赏析；而在学生物时，通过课本之外的探索，学生可以学到更多关于发芽和光合作用的知识。他们可以卷起袖子、弄脏衣服，而不是象征性地穿着但丁式的洁净长袍。他们可以在肥沃的土壤中播种，然后看着种子破土而出，向阳生长。

***

心智幸福2（I2）
深度学习——充分发挥人类作为理性动物的潜能

杜威将学生视为积极的探索者，而当前的教育体系却经常无法满足学生对深度学习的自然需求。教育的评估导向往往迫使学生浏览大量内容，对一切都是浅尝辄止，而不是让他们去深入挖掘并学习重要的课题。

在哈佛大学的第一年，甚至在学期正式开始之前，我所学的第一门课就是速读课。我的阅读速度由此提高了五倍，这对我本科和研究生的学习生涯很有帮助，因为我每周需要阅读数百页的内容。直到今天，速读还在帮我及时掌握每天的NBC（美国国家广播公司）最新消息，帮我了解不断变化的中东局势。但随着时间的推移，对速读的过度依赖也让我付出了很大的代价：挖掘文本内涵的能力下降了，深度阅读的肌肉萎缩了，心智幸福的体验也变少了。

无论是在文学、哲学、艺术还是科学领域，许多伟大的作品都有其深刻的内涵。当我们只停留在文字的表面时，就会错过它们的美妙和蕴含的智慧。我有一个朋友在高中时上过先修文学，当时，老师给他和同学们一周的时间去阅读托尔斯泰的《战争与和平》。这本书长达1200多页，是那学期要求阅读的20多部小说中最长的一部。可想而知，没有人会真的去阅读这本书。学校主要是想让学生们熟悉这本书，也许他们直接看导读就可以在先修考试中识别出相关知识点。我的朋友直到20多岁才读了《战争与和平》，后来又在30多岁和40多岁的时候各读了一遍。他说，每隔一段时间，他就会重读这本小说，因为在人生的不同阶段，他会从中读出不同的内容、全新的观点。在细细重温的过程中，他会对自己以及自己所处的世界进行思考。当我们花时间去阅读、重温、探索和研究时，就会更好地了解自己和周围的环境，让每一刻乃至整个生命都充盈起来。

将阅读的广度置于深度之上会让人付出额外的代价。在我看来，肤浅的速读不利于建立和维持健康、持久的人际关系。精读能培养我们细致洞察、明辨是非、深度鉴赏的能力，而这些技能有助于我们建立亲密、深入且持久的人际关系。正如我们无法在一分钟内对扫视到的文本进行深入了解一样，我们也无法在短时间内真正了解一个人，而只会形成肤浅的人际关系，让人不可避免地感到乏味。

现代世界源源不断地向我们输入新的信息——时刻更新的新闻，粗制滥造的电视节目，每季更迭的时尚。我们无须，事实上，也没有机会透过表象去深入挖掘。既然如此，我们许多人缺乏培养深层关系的能力又何足为奇呢？

学校可以而且应该为这一现象提供解决方案。事实上，学习并深入理解诸如《战争与和平》《思想者》之类的伟大作品，有助于我们在现实生活中去了解他人并与之建立起亲密的关系。如果我们希望孩子长大后能享受到深厚而有意义的关系，那么，最好在学校就教他们这方面的技能，并在这个过程中向他们介绍一些伟大的作品。

***

关系幸福1（R1）
要想生活充实美满，人际关系至关重要

"学校是否会采纳关系幸福的第一条准则，决定了世界未来的道德走向"，这种说法其实一点也不为过。具体而言，学校必须返本还源，为学生创造条件以进行面对面的互动，而非虚拟的交流。

当然，我并不反对在线互动或通过互联网社区、社交媒体或电脑进行学习。我自己大部分的学习和教学也都是通过网络开展的，包括现在，我正在一边打字一边看着屏幕。适度地使用屏幕能让儿童和成年人从中受益，但如今，越来越

多的人沉溺于屏幕世界中——不管是社交媒体、电子游戏还是色情片。如果儿童把大部分的时间用在与电子产品的互动上，他们的幸福水平和道德品性就会受到严重影响，他们将为此付出极大的代价。

也许教育的首要目标是培养孩子的道德情感，让他们长大成人后变得善良慷慨、富有同情心、懂得关爱他人，而共情正是这些道德情感的核心。

来自密歇根大学的萨拉·康拉斯做了一项研究，其结论令人极为不安："通过对'共情'这种人格特质进行标准化测量发现，与二三十年前的同龄人相比，当前大学生的共情水平要低40%左右。"同样，根据纳菲尔德基金会的"青少年改变计划"报告，反社会行为——与关爱和共情相反的行为——在英国高中生中翻了一番。

孩子们的共情能力为什么会下降呢？因为共情能力是在真实而非虚拟的互动中发展起来的，比方说，孩子们在沙坑里一起玩耍、打架、解决冲突，一起哭，一起笑，就容易形成共情。而如今，孩子们很少有这样的互动，所以他们的共情能力就会下降。目前，全世界的教师和家长都在呼吁加强共情教育、品格教育，或增设树立价值观的课程。虽然这些课程肯定会有所帮助，但它们无法遏制共情水平的下降，也无法解决随之而来的不当行为，如欺凌、言语或身体暴力。

共情是道德的语言，学习共情的过程与学习一门语言的过程相似。上课固然是学习语言的一种方式，但它并不能替代沉浸在当地的语言环境中，对儿童来说尤为如此：他们的大脑的可塑性更强，因而他们比成年人更容易掌握技能——无论是说越南语还是与他人共情。

与沉浸式语言学习相似，共情的习得也需要一个可以面对面互动的环境。学生在枯燥的课堂环境中对共情进行理论探讨，并不能替代现实生活中的互动学习。这是因为，在现实生活中，孩子们既可以观察自己行为所带来的影响，也能直接观察他人的情绪。虽然教师很难设计、监控和判断有效的协作学习体验，但有研究表明，小组协同活动——或者至少是需要学生互动的学习活动，不仅能锻炼学生的批判性思维和提高他们解决问题的能力，也能为他们提供实践和模拟社会互动的机会。

为了培养学生高水平的共情——为了学生可以流利地使

用道德的语言——我们需要让他们沉浸在真实的关系中，与真实的人互动。为此，我们必须从学校开始，扭转虚拟取代现实的趋势，否则，学生的同理心将很难得到培养。

***

情绪幸福2（E2）
情绪，既是思想和行为的产物，又影响着思想和行为

在世界各地，学生的情绪健康水平都在下降。2003年，为应对青少年心理疾病所带来的"国家危机"，英国提出了青少年心理健康倡议。而随着焦虑和抑郁水平的飙升，学生的心理健康状况在持续恶化。全世界都呈现出类似的趋势。联合国儿童基金会执行董事亨丽埃塔·福尔指出，这一令人不安的现象具有全球普遍性："世界各地有太多的儿童和青少年，无论贫富，都在遭受心理健康问题的困扰。这场危机迫在眉睫，不分国界。"

就像必须学会解数学题一样，学生们也必须学会如何应对情绪挑战。教育工作者专注于传授历史、化学等学科知识，而不是教导学生如何"处理痛苦情绪"或"培养愉悦情绪"等，其原因之一是，他们觉得自己更胜任前者而不是后者。此外，我们有办法评估学生对化学和历史的掌握程度，而情绪健康的测量则更具挑战性。教育公共政策是由政治家决定的，在他们的引导下，学校对可量化的东西更感兴趣。

但在今天，情绪健康"不可教""不可测"的论点已经站不住脚了。从神经科学到积极心理学，许多领域都取得了很大的进展，因此，我们可以通过有效的循证方法来帮助个人过上更丰富、更健康的情感生活。

认知疗法是该研究领域的前沿。构成认知疗法基础的思想最早是在约2000年前，由斯多葛学派哲学家，如芝诺、爱比克泰德、塞涅卡和玛克斯·奥勒留等人提出的。但直到20世纪60年代末和70年代，认知疗法才打破精神分析法和行为疗法在治疗领域的垄断地位，成为许多心理学家和患者的首选治疗方法。

认知疗法的基本思想是思想驱动情绪，这与情绪幸福的第二条准则不谋而合。我们对某种情境的解释或评价会影响我们的感受，因此，通过改变解释或评价，我们就可以改变自己的感受。例如，对于数学没考好这件事，如果我们将其解释为永久的（"我数学永远不会考好了"）、普遍的（"我不是一个好学生"），那么，我们会更加悲观，更容易患上抑郁症。相反，如果我们将其解释为暂时的（"我下次会做得更好"）和个别的（"我就代数不好而已"），那么，我们会更加乐观，且更容易具有韧性。

一项又一项的研究证实，与其他治疗方法相比，认知疗法具有同样甚至更好的疗效，而且往往更为简单易行。宾夕法尼亚大学的心理学家卡伦·莱维奇设计并牵头了一项干预计划。在该计划中，当青少年学会如何区分理性思维和非理性思维后，他们的抑郁情绪下降了50%。2014年，牛津大学开展了一个"通过学校教育预防儿童焦虑"（PACES）的项目：来自40所不同学校的1300多名学生接受了为期一年的认知行为治疗。结果发现，针对消极想法和行为进行干预，能提高儿童解决问题的能力，并有助于他们管理自己的情绪和压力水平。

传授认知疗法的过程其实很简单，与在课堂上教授

A+B=B+A 这样简单易懂的知识别无二致。成人和儿童对认知疗法都反应良好，不过儿童更容易掌握这些方法。通过运用这些方法，他们会变得更有韧性，最终在学校和生活中也会变得更为高效。

就像学习阅读、写作、算术、历史和生物一样，学生也可以学习培养自己的 SPIRE 五要素。如果学校将幸福学纳入课程，学生就更有可能在学校和生活中找到意义，拥有健康的体魄，在学业上蓬勃发展，建立满意的人际关系，在困难面前展现出韧性，并在课堂内外体验到很多的快乐。

我们都希望自己能享受到有意义、有激情、充实的生活，能全心全意地去爱，持续不断地去学习，而这也正是我们对孩子们的期望。我们都想让世界变得更幸福、更健康，让社会变得更有道德、更具同情心。因此，是时候让学校和整个教育系统意识到这一现实，并让他们提供我们所有人真正想要的且迫切需要的东西了。正如波兰教育家、人文主义者亚努什·科尔恰克所说："如果想改变世界，首先得改革教育。"

第八章
幸福引爆点

不与他人分享的快乐几乎不能叫作快乐,那是索然无味的。

——夏洛蒂·勃朗特

社会幸福受到了人们的广泛关注,这是完全合理的。如今,地球村的每一个角落都在诉说着幸福的消逝,现代人的精神世界只剩下一片荒漠,人类整体的身体素质水平在下滑,这个时代到处充斥着冷漠的心性,人们对关系的破裂司空见惯。因此,无论是在身边,还是在内心,我们都在见证着一场前所未有的情绪破产。

2019年,美国国家科学基金会的综合社会调查结果显示,自20世纪90年代以来,虽然美国的经济有所改善,但不幸福的人数却增长了50%以上。如今,抑郁症在美国的发病率是20世纪中叶时的十倍以上。美国在《全球幸福指数报告》中的排名持续下滑，但值得注意的是，这些趋势并不仅限于美国。我们正目睹着一场不幸福在世界范围内的大流行。

半个世纪前，超过 50% 的英国人表示自己"非常幸福"。如今，只有约三分之一的人还能有这样的感受。几乎在世界的每个角落，这些趋势都在错误地持续发展着。在中国、韩国、南非和澳大利亚，无论是成年人还是儿童，其焦虑和抑郁的患病率都在迅速增长。盖洛普对来自全球 140 个国家和地区的 151 000 人进行了访谈，并在 2019 年的《全球情绪状态报告》中指出，人们在悲伤、愤怒和恐惧上的得分连续两年创下了历史新高。

工业革命和政治自由的全面兴起给人类带来了巨大的进步，而正因如此，这些趋势的出现才更加令人讶异。随着世界上许多国家的经济得到了快速增长，我们总体上富裕了很多；随着一些极权主义和种族主义政权的垮台，我们得到了更多的自由；随着医学的发展，我们更加长寿；随着时尚行业和美容整形技术的发展，我们也变得更加美丽。那么，我们既然能更富有、更自由、更长寿、更美丽，那为什么不能更幸福呢？

在第二章中，我们探讨了通往幸福世界的由内及外、由外及内的路径，并指出，解决贫困问题非常重要。稀缺既会通过造成痛苦直接影响幸福水平，也会通过糟糕的选择间接影响幸福水平。然而，一旦人们的基本需求得到满足，额外的财富便不太可能带来更多的幸福，因此，物质上的富裕无法改善我们的集体不幸福感。我们的社会亟待另寻出路。

媒体和科技的进步无处不在。尽管如此，它们却是造成幸福感下降的罪魁祸首。虽然媒体给我们带来了诸多好处，如人们获取信息和接触艺术的途径更为便捷，言论更加自由，民主政权更为透明，但它也造成了很多危害。电影、电视、电脑和智能手机给我们的生活带来了更多的噪声干扰、廉价刺激、血腥暴力和负面事件，同时也侵占了我们更多的时间。

不仅仅在媒体方面，总体来说，科技在各个方面都取得了极大的进步，然而，社会幸福感却在 SPIRE 的各个要素上每况愈下。科技进步给我们带来了不少负面影响，例如，多任务处理让我们无法像单任务处理时那样集中注意力，屏幕上的虚拟枷锁限制着我们的行动，浅尝辄止的浏览正在取代深度学习，网络关系代替了真实生活中的社交，人们虚情假意地去迎合大众所垂涎的网络"品牌"。

社会幸福感水平不断下降，对此我们能做些什么呢？在一个自由社会中，大幅限制甚至消除进步的副产品既不可能，也不可取。正如常识和历史告诉我们的那样，政府过度管制会产生滑坡效应，可能会让善意的乌托邦愿景变成残酷的反乌托邦现实。

想要拥有更幸福的未来，关键是要在观念市场中进行竞争，即创造健康且富有吸引力的替代选择，来对抗现有的不健康却诱人的选择。在前面两章中，我讨论了如何培养幸福职场和幸福学校这样的替代选择，而在本章中，我将简要介绍另外两个平台——幸福媒体和幸福中心——作为健康且富有吸引力的替代选择。

***

媒体有害吗？在做出回答之前，我们先看一个与之相关的问题：电有害吗？那当然要视情况而定了。如果电产生了噪声或击中了人，那它就是有害的，但如果是用来播放美妙的音乐，或是为生命维持设备供能，那它就是有益的。

媒体也是如此。从其消极面来看，媒体提供了一些不健康的行为例子和接触色情内容的便捷渠道，对我们的人际关系造成了伤害；媒体让我们暴露在无意识暴力中，从而滋长了我们整体的消极情绪；媒体还让人们养成了久坐的生活方式，对身体健康造成了无法估量的损害。但与此同时，媒体无疑也能够并且已经用来服务于个人和社会，例如，在全球公民教育、信息自由流通、披露不道德行为、促成公开辩论及思想传播等方面，电视和互联网发挥了重大的作用；在20世纪30年代美国经济大萧条时期，人们去电影院看电影以暂时逃离残酷的现实，并从中受到鼓舞，重获继续生活下去的力量；自从托马斯·爱迪生发明电影放映机以来，或虚构或真实的银幕英雄激励了全世界数百万的人去寻找和创造生活的意义。

媒体至少在某种程度上映射着其背后的文化，然而，它不仅仅是文化价值观的被动反映。媒体也可以通过将镜头聚焦于特定领域，针对其中的某些现象，取其精华去其糟粕，来积极主动地塑造文化。通过媒体的力量，我们可以欣赏到这个世界上既存的美好，从而使它们的价值得以提升，让我们生活得更加幸福。

无论是制片人还是导演、演员还是编剧、流媒体还是互联网，媒体领域的领军者都正处在一个十字路口，他们必须对媒体的发展方向做出决策，而这些决策将决定我们社会的走向，也将决定历史对他们的评判。

1888年，法国一家报社误刊了瑞典工程师阿尔弗雷德·诺贝尔的讣告。诺贝尔和他的兄弟们发明了包括硝化甘油在内的几种炸药。他们最初的想法是将炸药用于采矿和修路，后来却将其进行改造用于生产军火，这导致了成千上万名战士在克里米亚战争和其他冲突中丧生。这份草率的讣告题为"以死亡谋利的商人去世"。诺贝尔看到后大吃一惊，下定决心要给世人留下一份不一样的遗产。时至今日，以他名字命名的国际知名奖项被授予在物理、化学、医学、文学、经济学及和平领域为人类知识和精神做出贡献的人们。

诺贝尔曾一直追求物质层面的成功，发明炸药让他赚得盆满钵满，但后来，他建立了一种奖励机制，以表彰那些为更大利益做出贡献的人。我认为，针对媒体界的领军人物，也应该建立这样的一种奖励机制。如今，他们中有太多的人站在历史的对立面，助长了文化的衰落，但他们完全可以像诺贝尔那样，改变立场，为更大的利益做贡献。那么，如何实现呢？答案是将他们的关注点转移至培养和提升人们的精神幸福、身体幸福、心智幸福、关系幸福及情绪幸福上。

正如媒体专家经常指出的那样，这样做的挑战在于：教育——甚至是现在所说的"寓教于乐"——并不被买账。在收视率大战中，崇高的价值观输出无法与搞笑做作的表演匹敌。然而，如果我们目光短浅，只图方便快捷，而不关心长期利益，那就会印证媒体专家们的观点。

对大多数人而言，裸露的身体部位或高强度的暴力具有原始的、本能的诱惑力。然而，面对艾米莉·狄金森的诗歌或阿尔泰米西娅·真蒂莱斯基的画作，若想感知其美妙，则需要更长时间的熏陶与培养。无论雅俗，人们的品位都可以后天形成。通常来说，对于唾手可得的性和暴力，人们很容易生出渴望，而对于有意义的人际关系和美丽的艺术，人们则需要花更长的时间才能生出些许向往。培养更高雅的品位，需要在前期投入更多的时间与精力，但这种投入的回报同样也要高得多。廉价的色情无法满足性欲，更不会形成充满激情且富有意义的亲密关系。同样，触目惊心的暴力也不太可能激发深度学习的热情或让人产生持久的愉悦情绪。

我倡导健康的媒体内容，既不是向往回归到保守的维多利亚时代价值观，也并非出于其他一些古老的或宗教性的道德要求。相反，这源于对全世界人民身心健康的深切关注，源于现代媒体对社会幸福的直接影响。我之所以倡导更加健康的媒体，是因为幸福的终极财富正濒临破产，而遏制并扭转这种衰落的方法之一就是提供另一种媒体内容来替代现有的内容。

***

幸福中心是致力于帮助人们理解、追求和实现"全然为人"的实体或虚拟场所，可用来传播幸福学领域丰富的理论和实践知识。

幸福中心的性质类似于古希腊的健身房。如今的健身房只是人们进行体育锻炼的场所,而在几千年前,古希腊的健身房就已满足人们对SPIRE各个要素的需求。例如:古希腊的健身房里有讲堂,人们可以听当地学者及游学者的演讲;有安静的角落,为冥想或哲思生命的意义提供了合适的环境;有开阔的场地和配有特殊设备的大房间,人们可以在此进行比赛和锻炼;还有一些互动和社交的场所,包括浴室、公共区域和小径。这些古老的健身房为我们构想现代幸福中心提供了良好的起点。

一个幸福中心可以改变一个社区,一批幸福中心则可以改变一个城市甚至是一个国家。那么,创建一个幸福中心需要些什么呢?首先也是最重要的是,有能力的领导。每个中心的领导者都要通晓"全然为人"的幸福观。虽然他们不需要精通SPIRE模型的每个要素,但必须对每个要素以及要素之间的关联有着深刻的理解和领悟。

当今,在幸福领域或广义上的自助领域,有太多的领导者重魅力而轻实质。其实,这并不是自助领域领导所特有的问题。毕竟，伟大领袖最常见的特点便是魅力——一种罕见的、可以激发民众热情的能力。然而事实证明，魅力的作用被高估了——它对于收获追随者很有价值，但在建立有效、持久的组织时就没那么重要了。想要带来持久的积极改变，拥有真诚待人、善于倾听、致力于学习和为他人服务等品质，要比有魅力重要得多。

幸福中心的领导者需要具备这些品质特征来成为"全然为人"的榜样。正如拉尔夫·沃尔多·爱默生在19世纪所写："你的行为代表着你的为人，你说了什么不重要。"这并不意味着领导者必须是"全然为人"的完美体现，也远非如此。我们需要的是一个人性化的榜样，而不是一个完美无缺的机器人。在示范的过程中犯错并从错误中学习和成长的能力，是父母、管理者或任何领导者能提供的最好的礼物之一。

幸福中心的实体场所可以起到事半功倍的效果。一个大型静修场所——设有可以跑步的场地、可供学习舞蹈和瑜伽的大厅、游泳池、大演讲厅和小研讨室、便于轻松攀谈的餐饮设施、安静的冥想和反省空间——无疑是非常不错的，然而，小型中心也有助于将"全然为人"引入社区或创建一个

"全然为人"的社区。在家里或当地学校，即使只有一个单间，只要可以在晚上或周末使用便也足够。它可以用来举办小型讲座和研讨会、集体冥想、小组练习、读书俱乐部、诗歌朗诵、放映等活动。幸福中心还可以为成年人提供夜校课程，为儿童提供课外活动，为家庭提供周末活动。

接下来便是科技的加持。正如电和媒体有利有弊，科技亦是如此。运用好神奇的科技，有助于大小型幸福中心的蓬勃发展。通过互联网，我们能接触到世界上最优秀的老师——他们可以给我们带来关于浪漫爱情或心理韧性的最新研究，以及对文艺复兴艺术或儒家人文主义最深刻的思考。一个中心，无论其规模大小，都可以举办现场或虚拟课程，让人们了解非洲民间传说或营养健康知识，也可以开设正念冥想课程，由当地老师主持或由优兔（YouTube）上的世界级专家来指导。在这样的一个幸福中心，我们可以观看弗兰克·卡普拉的电影，聆听当地演员朗读莎士比亚的十四行诗，欣赏杰奎琳·杜普雷演奏的音乐或社区合唱团的现场演出。幸福中心还可以将在线和面对面培训相结合，开设即兴喜剧课或生活指导课。如今，健康的资源无限丰富，获取便捷，而且往往是免费的。

借助相对来说并不昂贵的科技，幸福中心可以将活动记录下来，然后与他人分享。幸福中心之间可以形成一个网络来共享资源，比如说录制的讲座、电影讨论时所用到的引导性问题以及其他有用资源的链接和推送。每个幸福中心都可以建立自己的微社区，这些微社区由相互依赖的个人构成。在这里，他们一起学习，互相关爱，一同探索，相互支持，品味人生。一个社区、一个城市、一个国家甚至是全世界的幸福中心所构成的网络，可以为人类带来巨大的改变。

***

幸福中心或幸福媒体并不会在一夜之间让这个世界变得更幸福。正如我之前所提到的，无论雅俗，人们都会被吸引，而这种吸引既可能源于本能，也可以后天形成。毫无疑问，后者要比前者需要更长的时间，而这也能解释，为什么学会欣赏诗歌要比从色情内容中取乐需要更多的时间。但是，如果我们投入必要的时间来学会热爱文学和音乐，学会欣赏伟大的电影和思想,那么,我们的投资终将在终极财富上产生巨大的收益。同样,对大多数人而言,屈服于诱人的屏幕比在公园散步或上瑜伽课更容易、更具有直接的吸引力。然而,漫不经心、无所事事会让人们在生理和心理上都付出高昂的代价。与其走捷径来获得肤浅的满足感,不如选择投资发展 SPIRE 模型的各要素,这样我们才能在生活中找到更多的意义,拥有更加健康的体魄,不断地学习成长,发展更加美好深入的关系,过上情感丰富的生活。我们将迈向更高、更幸福、更健康的生活,从而让世界和社会变得更加美好。

只要我们开始在商业、教育、社区中心、媒体等主要社会系统中引入"全然为人"的幸福观,便迟早会到达一个引爆点。正如马尔科姆·格拉德威尔所言:"当一种想法、趋势或社会行为达到临界水平并像野火一样蔓延时,就形成了'引爆点'这一神奇的时刻。"

试想一下:儿童把运动锻炼和健康饮食的重要性内化,并把这些好习惯带回家,从而影响其家人;零售店和制造商让产品满足人们不断变化的品位;企业帮助员工发现人生目标，员工回家后也如此帮助他们的孩子；媒体提供的内容进一步提升了人们的品位，形成了良性循环；政客们支持与"全然为人"的幸福观兼容的政策……一次改变一个人，一次改变一个机构，一次改变一个社区，最终就会实现全世界范围内的幸福革命。

第九章
通向幸福之路

人们有多少自由，取决于他们为之付出多少智慧和勇气。

——埃玛·戈尔德曼

幸福学研究领域的目的是激发和支持一场幸福变革——一次全社会从物质观向幸福观的大规模转变。物质观是指将物质——富有和声望——视为人生的终极财富，而幸福观则是把幸福——SPIRE五要素——看作终极财富。幸福革命就是要推翻物质在价值体系中的最高地位，以幸福（精神幸福、身体幸福、心智幸福、关系幸福和情绪幸福）取而代之。当足够多的人理解并意识到，人生的终极目标是全人幸福，并带着这种理解和认识生活时，幸福变革就会发生。

由物质观衍生出来的一种观点认为：财富和成功能解决困扰社会的大多数问题。然而，我们必须明白：只有培养

SPIRE 要素，才能满足个人和社会的需求——无论是在家庭、学校还是企业，无论是通过科技、幸福中心还是政府。因此，我们要实现物质观向幸福观的转变。

只有通过 SPIRE 要素才能解决个人和社会的不幸福问题，而非通过物质上的富足。这种观念的转变绝非易事。所谓旧习难改——把物质视为终极目标，这一习惯是在数千年的物质匮乏中形成的，而后又因工业革命的成功得以巩固。

在上一章中，我用"大流行"一词来描述人们不幸福的现状。事实上，从过去流行病的治疗，或者更确切地说是"误治"中，我们可以汲取很多经验。如今，我们正饱受不幸福大流行的折磨，而在此过程中所犯的错误，其实与 19 世纪对待霍乱疫情如出一辙。

就在 200 年前，放血疗法是最常见的一种医疗手段。放血时，人们常会把水蛭放在患者皮肤上来吸食血液。如今，我们肯定知道放血没有什么好处——事实上，通常反而是有害的，因为它会使患者更加虚弱，并且引发感染。然而，从 19 世纪回溯至工业革命时期，放血一直被用于治疗霍乱。这种疗法非但没有起到作用，往往还让情况恶化。

1831年至1854年，霍乱在英国造成了数万人死亡。一位叫约翰·斯诺的医生认为该疾病是由供水污染引起的，但他却很难让政府官员听信其观点。1854年，苏豪区暴发霍乱疫情后，斯诺详细地绘制出霍乱病例的分布图，从而说服政府官员拆除了位于霍乱病例聚集地布罗德街上的井泵把手。霍乱疫情几乎立即停止了传播。即便如此，对斯诺关于水污染和霍乱之间存在联系的推测，政府官员仍不认同，并写道："我们没有理由接受这种观点。"面对斯诺的推测和他精心收集的证据，他们不屑一顾，仅把其当作"建议"。

与此同时，许多医生认为放血对霍乱治疗没有用，但静脉输液可以显著改变疾病的进程并降低死亡率。然而，这些医生的工作同样也被忽视了。在之后的30年里，人们几乎没有采取任何措施来预防霍乱的暴发，放血仍是治疗霍乱的主要手段。

如今，在这场不幸福的大流行中，我看到了历史惊人的相似之处。尽管医学家和社会科学家（以及许多哲学家和艺术家）一再向我们揭示人类幸福的真谛，但作为物质观的受害者，大多数人还是将财富和成功视为解决问题的方法。就像200年前的医疗机构和政府机构那样，我们忽视了现有的证据，一味地积累财富、盲目地追求"经济增长"——相当于一种精神上的放血。由于物质繁荣被视为最高目标，"发达"国家的学校通常专注于为学生未来的成功（通常是指物质层面的成功）做准备；很多员工远离家人，长时间从事毫无意义的工作，这样他们就可以积累更多的财富、购买更多的物品。物质观占据了主导地位，严重破坏了社会幸福，唯有变革能让我们悬崖勒马。

* * *

为了更好地理解幸福革命的本质，我们可以将其与共产主义革命进行对比。作为共产主义运动的思想之父，卡尔·马克思是一个唯物主义者。在他所设想的革命中，社会物质结构的改变首当其冲。共产主义者力求实现物质资源和财富的再分配。他们相信——且许多人仍然相信——彻底改变外在现实，可以从根本上改善人们的内在现实。外在的繁荣，或至少是平等，将带来内在的繁荣。也就是说，共产主义革命是由外及内的。

而幸福革命是由内及外的。它不是一场唯物主义革命，而是一场意识的革命，一场人类世界观的革命。"全然为人"的观点认为，人类的经验更多地来自我们的内部感知，而非外部环境，当然，在贫穷、有人身危险等极端情况时除外。

在一个视幸福为终极财富的世界里，人们不会因资源有限而产生冲突。这是因为幸福的总量不是固定的，一个人拥有很多幸福，并不会剥夺他人的幸福。从物质观到幸福观的转变，意味着从有限资源再分配到无限资源共享的转变。佛教中有一条教诲很好地抓住了幸福革命的精髓："一根蜡烛可以点燃成千上万根蜡烛，但它的寿命并不会因此而缩短。幸福从来不会因为分享而减少。"财富的再分配是一场零和博弈，而分享幸福则是一场正和博弈。

* * *

在引领幸福变革的过程中，政府应扮演什么角色呢？早在 18 世纪启蒙时代的欧洲，政府应该关心公民幸福的观念便开始深入人心。美国最杰出的启蒙思想家之一托马斯·杰弗逊在1809年隐退时明确指出:"关心人的生命及幸福,而不是去破坏它们,是一个好的政府唯一正当的目的。"这种观点在今天看来似乎是顺理成章的,但对杰弗逊等开国元勋以及在世界各地众多采纳他们思想的人来说,无疑是具有革命性的。

然而,杰弗逊一直都很清楚,政府的角色不是为公民提供幸福,而是创造条件,让人们能够找到通往幸福的道路。早在发表隐退演讲的三十多年前,早在成为美国总统前,杰弗逊就参与起草了《独立宣言》,正式将美洲殖民地从英国的压迫统治中解放出来。在《独立宣言》中,他措辞谨慎,并借用了启蒙运动哲学家约翰·洛克的一句话:"我们认为这些真理是不言而喻的——人人生而平等,造物者赋予他们若干不可剥夺的权利,其中包括生命权、自由权和追求幸福的权利。"

在幸福被视为终极财富的地方,政府的角色是培育沃土,让人们蓬勃发展。政府的作用不是——也不可能是——直接使人幸福,而只是创造条件,让人们去追求SPIRE模型的要素。那么,这些条件是什么呢?是生命与自由。首先,政府必须尽全力保护每个人的生命，确保他们不受伤害。其次，政府要保障公民权利，维护个人自由。事实证明，生活在自由民主国家的人，要比生活在高压极权统治下的人幸福得多。

政府的另一个重要作用是：将人们的关注点转向真正重要的事情——幸福。其中一个方法是，在传统的衡量经济的指标外，增加衡量幸福（尤其是SPIRE五要素）的指标。目前，世界上大多数政府采用的是GDP或GNP（国民生产总值）这些经济衡量指标，并引导多数人用它们来评估国家的表现。

在2010年南卡罗来纳大学的毕业典礼致辞中，美联储前主席本·伯南克提议，我们不应该把目光局限于物质财富："诚然，收入有助于人们获取幸福，但经济学家过于关注社会福祉的物质决定因素（如GDP）了，对此，幸福经济学能有效解决这个问题。要知道，GDP本身并不是政策的最终目标。"此外，对于将GDP作为衡量繁荣的标准，马丁·塞利格曼在其著作《持续的幸福》中也进行了抨击：

> 我们的财富到底是用来干什么的？当然并不是像大多数经济学家所倡导的那样，只是为了创造更多的财富。

在工业革命期间，GDP是衡量一个国家经济状况的首选指标。而现在，每当我们建造一座监狱，每当发生一起离婚、车祸或自杀事件，GDP——这一仅衡量商品和服务使用数量的指标——也会上升。财富的目标不应该是盲目提升GDP，而是创造更多的幸福。

不丹是第一个引入幸福衡量指标GNH（国民幸福总值）的国家。新西兰曾在总理杰辛达·阿德恩的领导下，推出一项"幸福预算案"，其财政部长格兰特·罗伯逊曾说，该预算案的目标是"使新西兰成为一个既适合生存又适合生活的好地方"。

当然，我并不建议国家放弃GDP或GNP这些衡量指标。创造物质繁荣和消除贫困是同一枚硬币的两面，而这枚硬币是终极财富的重要组成部分。我想建议的是，政府应该额外加入衡量"全然为人"及SPIRE五要素的指标。

幸福学领域的前景是支持一场世界范围内的幸福变革。这场变革可以将数十亿人从物质观的枷锁中解放出来，引领他们走向一个可以找到更多意义、享受健康生活的地方——在那里，知识和爱自由流淌，悲伤与快乐和平共处。

结　语

希望长着羽毛，

栖身在灵魂里，

唱着无词的歌，

永远不会停息。

——艾米莉·狄金森

2019年7月的一天，在一趟从洛杉矶飞往新加坡的跨太平洋航班上，飞机发出单调的嗡鸣声，云层缓缓地移动，若隐若现的彩虹似乎触手可及，激起了我内心的感恩和希望。几乎就在四年前的这一天，我第一次对幸福学这一跨学科领域的缺失发出感慨。而如今，在我看来，越来越多的种子正在幸福学领域生根发芽。成千上万的学生正参与到幸福学认证课程中来，学习"全然为人"的幸福观、SPIRE 模型和人生的终极财富。许多大学目前正在规划幸福学跨学科学位课程的蓝图。越来越多的学校、企业和社区也正行动起来，这表明一场幸福的革命即将到来。

这一切令人欢欣鼓舞，但未来还有更长的路要走。

后　记

　　在完成这份手稿的数月之后,新冠疫情暴发了。又过了数月,全球暴发了针对种族歧视的抗议活动。在很多人看来,这些重大事件是对幸福学整体理念的考验。人们有时会含蓄地,但更多时候是直截了当地问我:幸福难道不应该暂时靠边站吗?在新冠病毒的威胁消退前,在抗议活动带来真正的结构性变革前,幸福难道不应该先把自己封闭隔离起来吗?病毒面前人人平等,而社会中却存在歧视,面对这种残酷的现实,幸福又有什么意义?

　　答案很简单:无论外部环境如何变化,幸福学都至关重要。当事情进展顺利、相对平稳时,幸福学很重要;而在充满挑战的时代,当"变革之风狂野而自由地吹着",我们被迫在波涛汹涌的水域中航行时,幸福学就更加重要了。这是为什么呢?想要知道个中缘由,我们首先需要了解创伤后成长的概念和可能性。

在幸福课上,当我问学生是否听说过PTSD(创伤后应激障碍)时,大多数人,即使不是全部,都会举手。而当我问他们是否听说过PTG(创伤后成长)时,却很少有人举手。PTSD,是人们在遭受痛苦经历后所表现出来的消极而持久的反应。而PTG,则是一种对痛苦经历积极且持久的反应。不管是战争还是恐怖主义,天灾还是人祸,很多情境都会给人带来创伤,而每一次创伤经历既有可能导致心理障碍,也有可能促进成长。

疫情是一场全球范围的创伤性经历。引发抗议活动的警察暴行以及随后的一些暴力事件,无疑也会带来创伤。无论是心理健康领域的专业人士还是相关人员,我们很多人都在问:以后会发生什么?从长远来看,这些创伤性经历对我们有何影响?答案也很简单:可能会让我们失望,也可能会让我们振作;可能会让我们变得更弱,也可能会让我们变得更强。

然而，令人不安的是，很少有人知道PTG，也很少有人知道如何在经历创伤后变得更强大。如果人们能知道PTG才是真正的选择，并了解其背后的一些科学知识，就可以在黑暗的现实中找到一线希望。而希望是弥足珍贵的，正如我在对情绪幸福的第二条准则的讨论中所说：悲伤和抑郁是不同的，抑郁是没有希望的悲伤。

此外，我们可以积极应对创伤经历，而不是被动地任其摆布。这也正是幸福学的作用所在，因为事实证明，SPIRE模型的每一个要素通常都有助于成长，尤其是在创伤产生之后。

赋予创伤事件意义，可以在很大程度上使我们变得更强大（精神幸福）。通过锻炼等形式来培养身体韧性，可以极大地提升我们的心理韧性和应对困难的能力（身体幸福）。了解一个人的经历，并产生一致感，有利于我们治愈创伤、继续前行（心智幸福）。无论是作为个体还是社会，向我们关心的人和关心我们的人寻求支持，都有助于获取成功（关系幸福）。

就情绪幸福而言，我们可以在创伤中或创伤后获益良多。首先，当我们允许痛苦的情绪自由流动时，这些情绪就可以在发挥作用的同时，尽可能短暂地停留。允许自己去做一个普通人，我们就更有可能找到健康有效的渠道来表达悲伤、失望、恐惧或愤怒。在困难时期，愉悦情绪也发挥着重要的作用。即使是（特别是）在严峻的形势下，无论是短暂的感恩和希望，还是片刻的敬畏和鼓舞，都可以在很大程度上帮助我们找到创造性的解决方案来应对个人和社会的困境，并为我们提供能量去克服看似不可逾越的障碍。

无论身处顺境还是逆境，无论生活是充满艰辛还是欣欣向荣，幸福都是值得我们追求的目标！

致　谢

　　首先，我要感谢梅根·麦克多诺和玛丽亚·西罗瓦。我们一起踏上了"全然为人"之旅，一起揭开了 SPIRE 幸福模型的魔力。她们的言语乃至精神贯穿全书。

　　建立幸福研究院一直以来是我的一个梦想，如今终于成真了。感谢我亲爱的搭档兼好友尤瓦尔·库茨，他巧妙地将构想付诸实践、将抽象化为具体，没有他，我的梦想无法成真。还要感谢一同前行的伙伴——安德拉·丁、内奥米·埃克哈特、雪莱·凯尔曼、瑞切尔·拉维、格雷格·李、萨哈尔·麦农、塔米·穆勒、奥尔·波拉特、利亚德·拉莫特和阿伦·索洛金，他们极具能力且无比谦逊，致力于为我们的学生和更幸福的世界做贡献。

感谢乌迪·摩西，从我踏上这段艰难旅程伊始，他就一直陪伴在我身边，不断地给我提供帮助、挑战我的想法、鼓励我、支持我。正是站在了他的肩膀上，我才得以前行。感谢鲁本·马迪基安，他比我认识的任何人都更能体现仆人式领导的精髓，为包括我在内的许多人提供了开拓道路的力量和勇气。我也非常感谢C.J.洛诺夫，她专业而又慷慨，有着像鹰一样锐利的编辑眼光和海洋一样广阔的胸怀。

感谢克雷格·柯林斯，整本书中都有他思想和文字的印记。他才思敏捷、真诚温和，让我的写作得以升华。我也要感谢詹妮弗·库迪拉，她在整本书中倾注了她的热情和才华，帮助我用更简练的文字传递更深刻的思想。还有桑德拉·哈皮·塔莎，对您的智慧和见解，我表示最深挚的感谢——我在，因我们同在。

非常感谢帕尔格雷夫·麦克米兰出版社的菲尔·盖茨，他为我提供了全方位的出版和编辑服务。他才华横溢、思维敏捷、体贴入微，曾花费很多时间帮我剖析观点，然后又耐心地把它们整合在一起。也要感谢艾米·因弗尼齐，她一丝不苟，让整本书变得更加完美。更要感谢斯图尔特·哈尔彭，他给予了我最重要的帮助。没有他的慷慨解囊，这本书就不会得以出版。此外，非常感谢两位匿名评审者，你们的评论颇有见地，让我受益匪浅。

从写作伊始，萨加林代理公司就给我提供了很大的帮助。雷夫·萨加林不仅是我的经纪人，更是值得我信赖的好朋友。而布兰登·科沃德和蒂亚·池本则是默默奉献的领导者，他们将关怀和专业精神紧密地结合在一起。

幸福的首要预测因素就是亲密关系的质量。感谢我亲爱的家人，在每个周五的晚上、在我的一生中，为我提供了充足的人生终极财富。

最后，我要将这本书献给玛瓦·柯林斯，她是我的榜样，也是我的灵感来源。当我第一次听说她的教育工作时，我就决心成为一名教师，而当我第一次见到她时，我就意识到，如果我们想要沐浴阳光，就必须先帮助周围的人发光。